机械制造技术基础

赵京菊　黄馀坤　李海涛　著

辽宁大学出版社 | 沈阳
Liaoning University Press

图书在版编目（CIP）数据

机械制造技术基础/赵京菊，黄馀坤，李海涛著.

沈阳：辽宁大学出版社，2024.12. --ISBN 978-7

-5698-1864-2

Ⅰ.TH16

中国国家版本馆 CIP 数据核字第 2024RE2198 号

机械制造技术基础

JIXIE ZHIZAO JISHU JICHU

出 版 者：辽宁大学出版社有限责任公司

        （地址：沈阳市皇姑区崇山中路 66 号   邮政编码：110036）

印 刷 者：沈阳市建斌印务有限公司

发 行 者：辽宁大学出版社有限责任公司

幅面尺寸：170mm×240mm

印 张：14.75

字 数：265 千字

出版时间：2024 年 12 月第 1 版

印刷时间：2025 年 1 月第 1 次印刷

责任编辑：李天泽

封面设计：高梦琦

责任校对：吴芮杭

书 号：ISBN 978-7-5698-1864-2

定 价：88.00 元

联系电话：024-86864613

邮购热线：024-86830665

网 址：http://press.lnu.edu.cn

前　言

在当今这个快速发展的时代，机械制造业作为工业的基石，其发展水平直接关系到一个国家的工业竞争力和经济实力。随着科技的不断进步和全球化的深入发展，机械制造技术的基础研究和应用创新，已经成为推动社会进步和经济发展的重要力量。机械制造不仅关乎产品的质量与性能，更在节能减排、提高生产效率、降低成本等方面发挥着关键作用，对促进社会可持续发展具有深远影响。

本书是一本全面介绍机械加工领域的专业书籍。它涵盖了材料学与加工原理、金属切削机床、机床夹具设计、机械加工质量控制与优化，以及典型零件加工与品质检验技术等核心内容。本书从机械加工材料的分类和特性入手，深入探讨了金属切削的基本原理和刀具设计。接着详细介绍了各类金属切削机床的构造、工作原理及数控技术的应用，并特别强调了机床夹具在工件加工中的重要性，包括工件定位、定位误差、夹紧方式以及典型夹具的分析。随后分析了加工精度和表面质量的控制方法，以及影响这些因素的关键要素。最后探讨了现代制造技术的发展趋势，包括先进制造技术、自动化技术、先进制造模式，以及智能制造在监测、诊断与控制方面的应用，为读者提供了机械制造领域的前沿技术和发展趋势。

本书适合机械工程专业的学生、教师、工程师以及对机械制造技术感兴趣的广大读者。无论是作为教学参考书，还是作为专业技术人员的自学材料，本书都能提供丰富的信息和深刻的见解。

在撰写本书的过程中，作者深知自己的知识和经验有限，书中难免会有疏漏和不足之处。在此诚挚地希望读者能够提出宝贵的意见和建议，以便我能够不断改进和完善。同时，也希望能够激发读者对机械制造技术的兴趣和热情，共同推动这一领域的发展和创新。让我们一起努力，为实现更加高效、智能、绿色的机械制造技术贡献力量。

目　录

第一章　材料学与加工原理

第一节　机械加工材料

一、金属材料的性能指标

机械制造行业里所用的零件或构件都是由金属材料或非金属材料制成的，它们在不同的载荷和环境条件下服役。机械加工中的加工对象多数是金属材料，为配合本书后面章节内容，本节重点讲述金属材料的性能指标。如果金属材料对变形和断裂的抗力与服役条件不相适应，就会使机件失去预定的效能而损坏，即产生所谓的"失效"。

金属材料的性能指标包含使用性能和工艺性能。使用性能是金属材料在使用过程中反映出来的特性，它决定了金属材料的应用范围、安全可靠性和使用寿命。使用性能又包括力学性能、物理性能和化学性能。工艺性能是指金属材料在制造加工过程中反映出的各种特性，它决定材料是否易于加工以及如何进行加工等要素。

在选用金属材料制造机械零件时主要考虑力学性能和工艺性能。在某些特定环境和工作条件下，还要考虑零件的物理性能和化学性能。金属材料的主要性能指标见表1—1。

表 1—1　　　　　　　　金属材料的主要性能指标

性能种类	主要性能指标
力学性能	弹性极限、强度、塑性、硬度、冲击韧性、疲劳强度等
物理性能	密度、熔点、导热性、导电性、导磁性、热膨胀性等
化学性能	耐腐蚀性、抗氧化性、化学稳定性等
工艺性能	铸造性、锻造性、焊接性、切削加工性、热处理性等

要注意的是，刚度不属于材料的力学性能指标，它是零件或结构受到的外

力与该外力作用方向上产生的结构变形量的比值。零件或结构的刚度不仅与材料性能有关，而且与构件的结构形式、载荷作用方式等有关。因此，构件或机械系统的刚度有静刚度和动刚度之分。

（一）金属材料的力学性能

金属材料的力学性能又称机械性能，它是金属材料在外力作用下反映出的性能指标，主要包含弹性极限、强度、塑性、硬度、冲击韧性和疲劳强度等。金属材料的力学性能是零件设计计算、选择材料、工艺评定以及材料检验的主要依据。

1. 弹性极限、强度与塑性

金属材料的弹性极限、强度与塑性一般是取金属试样在金属拉伸试验机上进行拉伸试验来测定的。其试样要求及拉伸试验过程可参见《金属材料拉伸试验第 1 部分：室温试验方法》（GB/T 228.1—2010）来确定。通过在试样两端逐渐施加轴向载荷过程中测定试样承受的载荷和产生的变形量之间的关系，从而得到金属的拉伸曲线，这一过程持续到试样被拉断为止。金属的拉伸曲线可以测定该金属的弹性极限、强度与塑性等指标。

在实际工程应用中，拉伸曲线的纵坐标也可以由试件受到的应力 σ（单位截面积上受到的拉力）表示，横坐标由试件受到的应变 ε（单位长度上的伸长量）表示。因此，测得材料的拉伸曲线对应地也可以得到该材料的应力 σ 应变 ε 曲线。

（1）弹性极限

弹性极限是金属材料在外力作用下不产生塑性变形时所能承受的最大应力值，即

$$\sigma_e = \frac{F_e}{A_o} \tag{1-1}$$

式中 σ_e ——弹性极限，MPa；

F_e ——试样不产生塑性变形时的最大载荷，N；

A_o ——试样的原始横截面积，mm^2。

（2）强度

强度是金属材料在静载荷作用下抵抗塑性变形和断裂的能力。由于载荷对材料的作用方式有拉伸、压缩、弯曲、剪切等多种形式，所以强度又包含屈服强度、抗拉强度、抗压强度、抗弯强度和抗剪强度等。工程上，以材料的屈服强度和抗拉强度最为常用。

①屈服强度是金属拉伸试样产生屈服现象时所对应的应力，即

$$\sigma_s = \frac{F_s}{A_o} \tag{1-2}$$

式中 σ_s ——屈服强度，MPa；

    F_s ——试样产生屈服时对应的最大载荷，N；

    A_o ——试样的原始横截面积，mm^2。

②抗拉强度是金属试样在拉断前所能承受的最大应力，即

$$\sigma_b = \frac{F_b}{A_o} \tag{1-3}$$

式中 σ_b ——抗拉强度，MPa；

    F_b ——试样在拉断前所能承受的最大载荷，N；

    A_o ——试样的原始横截面积，mm^2。

当零件在工作时所受应力 $\sigma < \sigma_e$ 时，材料只产生弹性变形；当 $\sigma_e < \sigma < \sigma_s$ 时，材料除有弹性变形外，还产生微量的塑性变形；当 $\sigma_s < \sigma < \sigma_b$ 时，材料除有弹性变形外，还产生明显的塑性变形；当 $\sigma > \sigma_b$ 时，零件产生裂纹，甚至出现断裂。因此，在选择评定金属材料和设计机械零件时，应以零件工作的载荷状况不同选择不同的强度极限为依据。

（3）塑性

塑性是金属材料产生塑性变形而不被破坏的能力。通常用材料的伸长率 δ（指金属试样拉断后标距的增长量与原始标距的百分比）和断面收缩率 ψ（指金属试样拉断处横截面积的缩减量与原始横截面积的百分比）来表示材料的好坏。

伸长率 δ 与试样的尺寸有关，而断面收缩率 ψ 与试样的尺寸无关。δ 和 ψ 值越大，材料的塑性越好。机器零件工作时的可靠性要求材料具有一定的塑性，遇到偶然过载时才能避免零件突然断裂而失效。同时，良好的塑性也是金属材料进行塑性变形的必要条件。

2. 硬度

硬度是金属材料在一个小的体积范围内抵抗弹性变形、塑性变形或断裂的综合能力。它是衡量材料软硬的一个指标，在工程中常用硬度计来测定，主要有布氏硬度、洛氏硬度和维氏硬度三大表征方法。一般来说，材料的硬度越高，耐磨性越好，强度也越高。

①布氏硬度是用一定的淬火钢球或硬质合金球在一定压力下压入材料试样表面，保持压力后卸载，测得压痕直径，计算压痕表面积进而得到平均压力值。这个值就是布氏硬度，常用 HB 表示。硬度值一般不直接计算，而是用放大镜测出压痕直径再查表得到。当压头为淬火钢球时测得的硬度用 HBS 表示，压头为硬质合金时则用 HBW 表示。一般未淬火的碳钢，或者正火及调质状态的钢材多用 HB 表示。

布氏硬度法测得的压痕面积大，数据重复性好，但不适于测定产品成品及薄而小的零件，也不适于测定太硬的材料。一般超过 650HB 的材料就不用布氏硬度法标定。

②洛氏硬度是用一个锥顶角为 120°的金刚石圆锥体或一定直径的钢球在规定载荷下压入材料试样表面，卸载后测得压痕深度来确定洛氏硬度值，常用 HR 表示。

根据不同的压头和载荷，标定值有三种，即 HRA、HRB、HRC，其中 HRC 硬度值应用最广泛。HRA 一般用于硬质合金及高硬度表面，其测量范围一般为 70～85HRA，比如汽车传动箱从动齿轮的齿部局部表面淬火后就常用 HRA 表示；HRB 一般用于软钢、灰铸铁及有色金属的硬度标定，其测量范围一般为 20～100HRB；HRC 主要应用在一般通用淬火钢件的硬度标定，其测量范围一般为 20～65HRC，如汽车齿轮轴是低碳合金钢，常采用整体渗碳淬火热处理工艺，其表面硬度值一般习惯用 HRC。

③维氏硬度可采用不同标尺测定极软到极硬金属材料的硬度值，一般用 HV 表示，其试验基本原理与布氏硬度方法类似。自然界最坚硬的物质金刚石的显微硬度就达到了 10000HV。

维氏硬度是一个连续一致的标尺，试验时所加载荷小，压入深度浅，适于测试零件的表面淬硬层和化学热处理的表面层，但测试工作效率不如洛氏硬度高。

3. 冲击韧性

冲击韧性是金属材料在冲击载荷作用下抵抗被破坏的能力。前面提到的强度、硬度等都是在静载荷作用下的力学指标。实际上很多零件，如柴油机曲轴、压力机的锻锤和冲模等都是在冲击载荷下工作的。瞬时的外力冲击所引起的变形和应力比受静载时大得多，所以设计冲击载荷的零件时必须考虑材料的冲击韧性。

冲击韧性的测定通常用摆锤式冲击试验机进行。将带缺口的冲击材料试样用摆锤一次冲断，以试样缺口处单位截面积所吸收的冲击功表示其冲击韧性，即

$$a_k = \frac{A_k}{A} \tag{1-4}$$

式中 a_k ——冲击韧性值，根据试样缺口形状不同，有 a_{kv}、a_{ku} 两种表示法，J/cm^2；

A_k ——冲断试样所消耗的冲击功，J；

A ——试样缺口处的截面积，cm^2。

a_k 值越低，表示材料的冲击韧性越差。材料的冲击韧性与塑性之间有一定的联系，a_k 值高的材料，一般都具有较高的塑性指标；但塑性好的材料其 a_k 值不一定高。这是因为在静载荷作用下能充分变形的材料，在冲击载荷下不一定能迅速进行塑性变形。实验研究表明，材料承受小能量的多次重复冲击的能力主要取决于强度而不是冲击韧性值。例如，球磨铸铁的冲击韧性仅为 15J/cm²，但只要强度足够，也适合用来制造柴油机曲轴。

4. 疲劳强度

疲劳强度是金属材料经过无数次循环载荷作用而不致引起疲劳断裂的最大应力。承受交变应力或重复应力的零件，往往在工作应力远低于其强度极限时就发生断裂，这个现象在工程上称为疲劳断裂。不管是脆性材料还是塑性材料，疲劳断裂都有可能突然发生，断裂前材料无明显的塑性变形征兆，具有很大的危险性。当应力按正弦曲线对称循环时，疲劳强度用符号 σ_{-1} 表示。

由于实际测试中不可能做到无限次应力循环，故规定各种金属材料的疲劳强度应有一定的应力循环次数基数。例中，如钢材常规定以 10^7 应力循环次数为基数测试，如仍不发生疲劳断裂，就认为该材料不会发生疲劳断裂。对于非铁合金和某些超高强度钢，常取 10^8 应力循环次数为基数。

在工程实践中，常采取多种措施来提高零件的疲劳强度。例如，在结构设计上避免应力集中，工艺上提高表面质量，进行表面强化，材料上减少夹杂疏松来提高冶金质量等。

（二）金属材料的物理、化学性能

1. 金属材料的物理性能

金属材料的物理性能是指它对自然界各种物理现象，如温度变化、地球引力、电磁环境改变等所引起的反应。

金属材料的物理性能主要包括密度、熔点、导热性、导电性、导磁性和热膨胀性等。不同工作环境的零件对零件材料的物理性能提出了不同要求。例如，飞机上的零件由于考虑飞机整体质量常选用密度较小的铝、镁、钛等合金来制造；电机、电器等的导电零件常用导电性能好的铜基材料。

金属材料的物理性能有时对加工工艺有一定影响。例如，高速钢的导热性较差，所以在锻造时应采用较低的加热速度来升温加热，否则材料容易产生裂纹；如前所述，镁、钛等合金虽然密度小，但它们的机械切削加工工艺性能较差。

2. 金属材料的化学性能

金属材料的化学性能主要是指它在常温或高温时，抵抗各种活泼介质的化学侵蚀能力。例如，材料的耐腐蚀性、耐酸性、耐碱性、抗氧化性等。

在一些腐蚀介质或高温等恶劣环境下工作的机械零件需要特别注意采用化学稳定性良好的金属。例如，化工设备和医疗设备常用耐腐蚀性能较高的不锈钢制造；内燃机排气阀和电站的发电机组的一些零件常用耐热钢制造。

（三）金属材料的工艺性能

金属材料的工艺性能是指该材料对制造零件时的工艺适应性能，包括铸造性、锻造性、焊接性、切削加工性等。

在零件设计选材和选用工艺方法时都要重点考虑材料的工艺性能。例如，广泛用来制造铸件的灰铸铁，其铸造性能优良但可锻性极差，基本不能进行锻造加工，焊接性也比较低；低碳钢的焊接性能优良而高碳钢则焊接性差，所以在机械结构设计中有焊接结构时，其构件材料通常用低碳钢。

二、机械工程材料的分类

机械工程材料涉及面很广，按属性可分为金属材料和非金属材料两大类。金属材料包括黑色金属和有色金属。有色金属用量虽只占金属材料的5%，但因具有良好的导热性、导电性，以及优异的化学稳定性和高的比强度等，而在机械工程中占有重要的地位。非金属材料可分为无机非金属材料和有机高分子材料。前者除传统的陶瓷、玻璃、水泥和耐火材料外，还包括氮化硅、碳化硅等新型材料以及碳素材料（见碳和石墨材料）等。后者除了天然有机材料如木材、橡胶等外，较重要的还有合成树脂（见工程塑料）。此外，还有由两种或多种不同材料组合而成的复合材料。这种材料由于复合效应，具有比单一材料优越的综合性能，成为一类新型的工程材料。

机械工程材料也可按用途分类，例如结构材料（结构钢）、工模具材料（工具钢）、耐蚀材料（不锈钢）、耐热材料（耐热钢）、耐磨材料（耐磨钢）和减摩材料等。由于材料与工艺紧密联系，也可结合工艺特点来进行分类，如铸造合金材料、超塑性材料、粉末冶金材料等。粉末冶金可以制取用普通熔炼方法难以制取的特殊材料，也可直接制造各种精密机械零件，已发展成一类粉末冶金材料。

钢是机械工业中应用最广泛的金属材料，在工业生产中起着十分重要的作用。在此重点介绍黑色金属，特别是各种钢材的分类及选用。

（一）工业用钢的分类

钢是指含碳质量百分比大于0.022%而小于2.11%的铁碳合金。而含碳量小于0.022%的铁碳合金一般称为纯铁，含碳量大于2.11%的铁碳合金一般称为铸铁。

钢的分类方法有很多，常见的有以下几种。

1. 按用途分类

钢按用途分类，可分为结构钢、工具钢和特殊性能钢。结构钢可分为工程用钢和机器用钢。工具钢根据用途不同又可分为刃具钢、模具钢、量具钢等。特殊性能钢包括不锈钢、耐热钢、耐磨钢等。

2. 按化学成分分类

钢按化学成分不同，可分为碳素钢和合金钢。碳素钢按含碳量（常用 w_C 表示）不同分为低碳钢（ $w_C < 0.25\%$ ），中碳钢（ $w_C = 0.25\% \sim 0.65\%$ ）和高碳钢（ $w_C > 0.65\%$ ）；合金钢按合金元素总含量（常用 w_{Me} 表示）分为低合金钢（ $w_{Me} < 5\%$ ）、中合金钢（ $w_{Me} = 5\% \sim 10\%$ ）和高合金钢（ $w_{Me} > 10\%$ ）。此外，根据钢中所含主要合金元素种类的不同，可分为锰钢、铬钢、铬钼钢、铬锰钛钢等。

3. 按钢的质量等级分类

钢材中，还存在硅、锰、磷、硫等杂质元素。这些杂质中按磷、硫含量的多少可分为普通碳素结构钢、优质碳素结构钢和特殊性能钢。

此外，钢按平衡状态的金相组织分为亚共析钢、共析钢和过共析钢；按脱氧程度分为沸腾钢（钢号用 F 开头表示）、镇静钢（钢号用 Z 开头表示）等。

（二）铸铁的分类

常用铸铁的成分与钢不同，铸铁的含碳量大于 2.11%（常为 2.5% ~ 4.0%），其杂质远大于钢。根据铸铁中碳的存在形式不同，可分为白口铸铁、灰口铸铁和麻口铸铁。白口铸铁中碳主要以渗碳体的形式存在，灰口铸铁中碳主要以石墨的形式存在，麻口铸铁中的碳以渗碳体和石墨两种形式存在，其中，灰口铸铁应用得最多。

由于石墨的强度近于零，因此石墨的存在相当于钢的基体上存在裂缝或空洞，使铸铁的性能比钢低，特别是抗拉强度和塑性很低，不能进行锻压加工，但其硬度和抗压强度较好，所以灰口铸铁主要用于承受压力的零件，比如机床的机座。工业上根据铸铁中石墨存在的形态不同，灰口铸铁可分为灰铸铁、可锻铸铁和球墨铸铁等。

1. 灰铸铁

石墨以片状形态存在的铸铁称为灰铸铁。由于片状石墨的存在，其石墨尖端的应力集中现象使灰铸铁的抗拉强度及塑性低。灰铸铁的牌号为 HT 后加三位数字。三位数字表示最低的抗拉强度（MPa）。例如 HT200、HT250 和 HT300 等。

2. 可锻铸铁

石墨以团絮状形态存在的铸铁称为可锻铸铁。由于团絮状石墨对应力集中影响较小，故可锻铸铁的力学性能较普通灰铸铁高。可锻铸铁的牌号为三个字母和两组数字：如 KTH300－06、KTZ550－04。KT 表示"可锻"，"H"和"Z"分别表示"黑"和"珠"的字首；前一组三位数表示最低的抗拉强度（MPa）；后一组数字表示最低伸长率（%）。

3. 球墨铸铁

石墨以球状形态存在的铸铁称为球墨铸铁。由于球状石墨的应力集中影响更小，故球墨铸铁的性能最好。球墨铸铁的牌号表示和可锻铸铁类似，只是把拼音字母改为"QT"，如 QT450－10、QT600－3 等。

（三）化学成分对钢性能的影响

1. 含碳量对钢的性能的影响

含碳量对钢的性能影响很大。通常，随含碳量的增加，钢的抗拉强度及硬度增加而塑性和韧性下降。

通常认为，硅、锰是一种有益的元素，它既能脱氧，消除氧的不良影响，又能使强度、硬度、弹性增加，而塑韧性能降低。硅的含量小于 0.4%，锰的含量为 0.4%～0.8%，对钢的力学性能影响不大，当硅、锰的含量分别大于2.0% 时，对钢的性能便有所影响。

2. 硫、磷杂质的影响

硫是钢中的有害元素，它是钢在冶炼时由燃料带入钢中的元素，而与铁生成 FeS，再与铁形成低熔共晶体，熔点为 985℃。当钢在 1000～1200℃ 轧制或锻造时，共晶体熔化沿晶粒边界裂开，常把这种现象称为热脆性。因此，钢中的硫含量必须严格控制在 0.045% 以下。

磷在钢中虽然能使钢的强度、硬度增加，但塑韧性显著下降，特别是在室温下，严重影响钢的脆性，这种现象称为冷脆性。因此，磷在钢中的含量也必须控制在 0.045% 以下。

三、钢的热处理

钢的热处理是将固态钢采用适当的方式进行加热、保温和冷却，以获得所需的组织结构和性能的一种工艺。热处理的特点是改变零件或者毛坯的内部组织，而不改变其形状和尺寸。热处理的过程是按加热—保温—冷却这三阶段进行，这三个阶段可用冷却曲线来表示。不管是哪种热处理工艺，都分为这三个阶段，不同的只是加热温度、保温时间和冷却速度。

钢的热处理的目的是消除材料组织结构上的某些缺陷，更重要的是改善和提高钢的性能，充分发挥钢的性能潜力，这对提高产品质量和延长使用寿命有重要的意义。

钢的热处理的工艺方法很多，大致可分为两大类：

①第一类是普通热处理，也称零件热处理，包括退火、正火、淬火、回火等；

②第二类是表面热处理，包括表面淬火和化学热处理（如渗碳、渗氮、渗硼处理）。

（一）普通热处理

1. 退火

退火就是将金属或合金的工件加热到适当温度（高于或低于临界温度，临界温度就是使材料发生相变的温度），保持一定的时间，然后进行缓慢冷却（即随炉冷却或者埋入导热性较差的介质中）的热处理工艺。退火工艺的特点是保温时间长，冷却缓慢，可获得平衡状态的组织。钢退火的主要目的是细化组织，提高性能，降低硬度，以便切削加工；消除内应力，提高韧性，稳定尺寸，使钢的组织与成分均匀化；也可为以后的热处理工艺作组织准备。

根据退火目的的不同，退火分为完全退火、球化退火、消除应力退火等几种。

退火常在零件制造过程中对铸件、锻件、焊件进行，以便以后的切削加工或为淬火作组织准备。

2. 正火

将钢件加热到临界温度以上 30～50℃，保温适当时间后，在静止的空气中冷却的热处理工艺称为正火。正火的主要目的是细化组织，改善钢的性能，获得接近平衡状态的组织。

正火与退火工艺相比，其主要区别是正火的冷却速度稍快，热处理的生产周期短，故退火与正火都能达到零件性能要求时，尽可能选用正火。大部分是中、低碳钢的坯料一般都采用正火热处理。一般合金钢坯料常采用退火热片，若用正火，由于冷却速度较快，使其正火后硬度较高，不利于切削加工。

3. 淬火

将钢件加热到临界点以上某一温度（45 号钢淬火温度为 840～860℃，碳素工具钢的淬火温度为 760～780℃），保持一定的时间，然后以适当速度冷却以获得马氏体或贝氏体组织的热处理工艺称为淬火。

淬火与退火、正火在工艺上的主要区别是冷却速度快，目的是获得马氏体组织。也就是说，要获得马氏体组织，钢的冷却速度必须大于钢的临界冷却速度。这里的临界冷却速度，就是获得马氏体组织的最小冷却速度。钢的种类不同，临界冷却速度就不同，一般碳钢的临界冷却速度要比合金钢大。所以碳钢加热后要在水中冷却，而合金钢要在油中冷却。虽然冷却速度小于临界冷却速度得不到马氏体组织，但冷却速度过快，会使钢中内应力增大，引起钢件的变形，甚至开裂。

4. 回火

钢件淬硬后，再加热到临界温度以下的某一温度，保温一定时间，然后冷却到室温的热处理工艺称为回火。

淬火后的钢件一般不能直接使用，必须进行回火后才能使用。因为淬火钢的硬度高、脆性大，直接使用常发生脆断。通过回火，一方面可以消除或减少内应力、降低脆性、提高韧性；另一方面可以调整淬火钢的力学性能，达到钢的使用性能。根据回火温度的不同，回火可分为低温回火、中温回火和高温回火三种。

（1）低温回火

淬火钢件在 250℃ 以下的回火称为低温回火。低温回火主要是消除内应力，降低钢的脆性，且仍保持钢件的高硬度。如钳工实习时用的锯条、锉刀等一些有高硬度的钢件，都是淬火后经低温回火处理的。

（2）中温回火

淬火钢件在 350～500℃ 的回火称为中温回火。淬火钢件经中温回火后可获得良好的弹性，因此弹簧、压簧、汽车中的板弹簧等，常采用淬火后的中温回火处理。

（3）高温回火

淬火钢件在高于 500℃ 的回火称为高温回火。淬火钢件经高温回火后，具有良好的综合力学性能（既有一定的强度、硬度，又有一定的塑性、韧性），因此，中碳钢和中碳合金钢常采用淬火后的高温回火处理，轴类零件应用最多。淬火和高温回火这一热处理工艺组合通常又称为调质处理。

（二）表面热处理

仅对工件表层进行热处理以改变组织和性能的工艺称为表面热处理。

1. 表面淬火

对钢件表层进行淬火的工艺称为表面淬火，其热处理特点是用快速加热的方法把钢件表面迅速加热到淬火温度（这时钢件的芯部温度较低），然后快速冷却，使钢件一定深度的表层淬硬，芯部仍保持其原来状态。这样就提高了钢件表面的硬度和耐磨性，芯部仍具有较好的综合力学性能（一般表面淬火前进行了调质处理）。例如，齿轮工作时表面接触应力大，摩擦大，要求表层硬度高，而齿轮芯部通过轴传递动力（包括冲击力），因此，中碳钢制造的齿轮需调质处理后，再经表面淬火。表面淬火由于快速加热方法的不同分为火焰加热表面淬火和感应加热表面淬火。感应加热表面淬火又由于电源频率不同分为高频淬火、中频淬火等。

2. 化学热处理

将金属或合金工件置于一定温度的活性介质中保温，使一种或几种元素渗入它的表面，以改变工件表面的化学成分、组织和性能的热处理工艺称为化学热处理。化学热处理的过程也是加热—保温—冷却这三个阶段，不同之处是在一定介质中保温。根据渗入元素不同，化学热处理有渗低碳合金钢（如 20 钢、20Cr 钢等）；气体渗碳时的渗碳剂为煤油或乙醇；渗碳温度为 900～950℃，煤油或乙醇在该温度下裂解出活性碳原子，碳原子渗入低碳钢件的表层，然后依靠浓度差向内部扩散，形成一定厚度的渗碳层。

（三）热处理常用加热设备

热处理中常用的加热设备主要有加热炉、测温仪表、冷却设备和硬度计等。其中，加热炉有很多种，常用的有电阻炉和盐浴炉。

1. 电阻炉

电阻炉是利用电流通过电热元件（如金属电阻丝、SiC 棒等）产生的热量来加热工件。根据其加热温度的不同，可分为高温电阻炉、中温电阻炉和低温电阻炉等；根据形状不同，可分为箱式电阻炉和井式电阻炉等多种。这种炉子的结构简单、操作容易、价格较低，主要用于中、小型零件的退火、正火、淬火、回火等热处理，其主要缺点是加热易氧化、脱碳，是一种周期性作业炉，生产率低。

2. 盐浴炉

盐浴炉是用熔融盐作为加热介质（即工件放入熔融的盐中加热）的加热炉，使用较多的是电极式盐浴炉和外热式盐浴炉。盐浴炉常用的盐为氯化钡、氯化钠、硝酸钾和硝酸钠。由于工件加热是在熔融盐中进行，与空气隔开，因此工件的氧化、脱碳少，加热质量高，且加热速度快而均匀。盐浴炉常用于小型零件及工具、模具的淬火和回火。

第二节　金属切削基本原理

一、切削运动与切削用量

切削加工过程中，刀具与工件之间要产生相对运动，才能完成切削过程。同时，切削过程的参数控制对切削加工质量有非常重要的影响。

（一）切削运动

在金属切削机床上切削工件时，工件与刀具之间的相对运动称为切削运动。

在其他各种切削加工方法中，工件和刀具同样也必须完成一定的切削运动。切削运动通常按其在切削中所起的作用分为以下两种。

1. 主运动

使工件与刀具产生相对运动以进行切削的最基本的运动称为主运动。主运动通常速度最高，消耗的功率最大。例如，外圆车削时工件的旋转运动和平面刨削时刀具的直线往复运动都是主运动。金属切削加工方法中主运动通常只有一个。

2. 进给运动

使主运动能够继续切除工件上多余的金属，以便形成工件表面所需的运动称为进给运动。例如，外圆车削时车刀的纵向连续直线运动和平面刨削时工件的间歇直线运动都是进给运动。进给运动可能不止一个，它的运动形式可以是直线运动、旋转运动或两者的组合。无论哪种形式的进给运动，其运动速度和消耗的功率都比主运动小。

普通机床的主运动一般只有一个，进给运动可以是一个或多个，常见机床的切削运动见表1—2。另外，机床还有吃刀、退刀和让刀等辅助运动。在普通机床上，辅助运动多为手动。

表1—2　　　　　　　　　常见机床的切削运动

机床名称	主运动	进给运动	机床名称	主运动	进给运动
卧式车床	工件旋转运动	车刀纵向、横向、斜向直线移动	龙门刨床	工件往复移动	刨刀横向、垂向、斜向间歇移动
钻床	钻头旋转运动	钻头轴向移动	外圆磨床	砂轮高速旋转	工件转动，同时工件往复移动，砂轮横向移动
卧（或立）式铣床	铣刀旋转运动	工件纵向、横向直线移动（有时也作垂直方向移动）	内圆磨床	砂轮高速旋转	工件转动，同时工件往复移动，砂轮横向移动

机床名称	主运动	进给运动	机床名称	主运动	进给运动
牛头刨床	刨刀往复移动	工件横向间歇移动或刨刀垂向、斜向间歇移动	平面磨床	砂轮高速旋转	工件往复移动，砂轮横向、垂向移动

在切削加工中，由主运动和进给运动合成的运动称为合成切削运动。切削刃选定点相对于工件的瞬时合成切削运动的方向就是合成切削运动的方向；切削刃选定点相对于工件的合成切削运动的瞬时速度就是合成切削速度。

在切削加工过程中，工件上始终有三个不断变化着的表面：

①待加工表面：工件上即将被切去的表面；

②过渡表面：工件上由切削刃形成的那部分表面，它在下一切削行程、刀具或工件的下一转里被切除，或者由下一切削刃切除；

③已加工表面：工件上经刀具切削掉一部分金属形成的新的零件表面。

（二）切削层参数

在切削过程中，由刀具切削部分的一个单一动作所切除的工件材料层就是切削层。所谓刀具切削部分的一个单一动作，是指刀具切削部分切过工件的一个单程动作，或指只产生一圈过渡表面的动作。为了定义切削层及其参数，先要确定一个截面，称切削层尺寸平面。GB/T 12204－2010 规定：通过切削刃基点并垂直于该点主运动方向的平面就是切削层尺寸平面。

有关切削层参数的定义如下：

①切削层几何参数：切削层公称横截面积 A_D、切削层公称宽度 b_d、切削层公称厚度 h_d。

②切削层的工艺参数：在忽略了残留面积后，近似地认为切削层公称横截面积 A_D 可按下式计算：

$$A_D = b_d h_d = a_p f \tag{1-5}$$

因此，常把背吃刀量 a_p 和进给量 f 称作切削层的工艺参数。

（三）切削用量

在切削加工过程中，应针对不同的工件材料、刀具材料、工艺装备和其他技术经济要求等来选择适宜的切削速度 v_c、进给量 f 或进给速度 v_f 以及背吃刀量 a_p。v_c、f、a_p 称为切削用量三要素。

1. 切削速度

大多数切削加工的主运动采用回转运动。回旋体（刀具或工件）上外圆或内孔某一点的切削速度计算公式如下：

$$v_c = \frac{\pi d n}{1000} \tag{1-6}$$

式中 v_c ——切削速度，m/s 或 m/min；

d ——工件或刀具上某一点的回转直径，mm；

n ——工件或刀具的转速，r/s 或 r/min。

在实际生产中，切削速度单位常用 m/s，其他加工的切削速度单位习惯用 m/min。

在转速 n 值一定时，切削刃上各点的切削速度不同，计算时，应取最大的切削速度。例如，外圆车削需易时计算待加工表面上的速度（用 d_w 代入公式），内孔车削时计算已加工表面上的速度（用心代入公式），钻削时用钻头外径尺寸计算切削速度。

2. 进给速度、进给量和每齿进给量

进给速度 v_f 是单位时间的进给量，单位是 mm/s（或 mm/min）。

进给量 f 是工件或刀具每回转一周时两者沿进给运动方向的相对位移，单位是 mm/r（毫米/转）。

刨削、插削等主运动为往复直线运动的加工，可以不规定进给速度，但要规定间歇进给的进给量，其单位为 mm/（d·st）（毫米/双行程）。

铣刀、铰刀、拉刀、齿轮滚刀等多刃切削工具，在它们进行工作时，应规定每一个刀齿的进给量 f_z，即后一个刀齿相对于前一个刀齿的进给量，单位是 mm/z（毫米/齿）。

显而易见，进给速度 v_f 可用下列计算：

$$v_f = f \cdot n = f_z \cdot z \cdot n \tag{1-7}$$

3. 背吃刀量

车削和刨削加工，背吃刀量 a_p 为工件上已加工表面和待加工表面间沿进给运动方向垂直方向上度量的距离，单位为 mm。

外圆表面车削的背吃刀量可用下式计算：

$$a_p = \frac{d_w - d_m}{2} \tag{1-8}$$

对于钻孔可用下式计算：

$$a_p = \frac{d_m}{2} \tag{1-9}$$

式中 a_p ——背吃刀量，mm；

d_m ——已加工表面直径，mm；

d_w ——待加工表面直径，mm。

二、刀具切削部分的几何参数

（一）刀具切削部分的组成

金属切削刀具的种类很多，总体结构上包含刀头和刀杆。它们切削部分的几何形状与参数都有着共性。国际标准化组织（ISO）以车刀切削部分为基础，制订了一套便于制造、刃磨和测量刀具角度的用以确定金属切削刀具工作部分几何形状的一般术语。刀具切削部分的构造要素的定义和说明如下。

前刀面（A_γ）：切下的切屑沿其流出的表面，简称前面。

主后刀面（A_α）：与工件上过渡表面相对的表面，简称后面。

副后刀面（A_α'）：与工件上已加工表面相对的表面，简称副后面。

主切削刃（S）：前面与主后面的交线。它承担主要的金属切除工作并形成工件上的过渡表面。

副切削刃（S'）：前面与副后面的交线。它参与部分的切削工作，配合主切削刃并最终形成工件上的已加工表面。

刀尖：主、副切削刃的交点。但多数刀具将此处磨成圆弧或一小段直线。

（二）刀具角度标注的参考系

要确定金属切削刀具的刀面和刀刃的位置，首先必须建立位置坐标参考系。每一段刀刃都可采用其上的一点（选定点）作参考系原点，再依据切削运动的方向来建立角度标注的参考系。切削运动的方向应按照刀具所处的状态来确认。

在设计、绘制和制造刀具时，刀具尚处于静止状态，这时可以比照刀具实际工作时的主运动方向、进给运动方向和刀具的安装位置建立假定条件的参考系，这就是刀具的静止参考系；当刀具在工作时，可以依据实际的合成切削运动方向、进给运动方向和刀具的安装位置来确认，这样建立的参考系就是刀具的工作参考系。因此，刀具角度分两类：在静止参考系内的称为刀具的静态角度，也称标注角度，通常也是标注在刀具的设计图上的刀具角度；在工作参考系内把刀具的安装条件同工件和切削运动联系起来的称为刀具工作角度，当合成切削运动方向或刀具的安装位置有所变动时，刀具工作角度也会有所改变。可见，刀具工作角度能直接反映刀具的工作状况。

建立刀具角度静止参考系时，要作如下假设：

运动条件：不考虑进给运动的影响，用主运动向量 v_c 近似代替合成速度向量 v_e；然后再用平行和垂直于主运动方向的坐标平面构成参考系。

安装条件：刀具的刀尖与工件的中心等高，安装时车刀刀柄的中心线垂直于工件轴线。

1. 正交平面参考系

基面（P_r）：过切削刃上选定点并垂直于该点切削速度向量 v_c 的平面。对于车刀，基面为过切削刃选定点的水平面。

切削平面（P_s）：过切削刃上选定点作切削刃的切线，此切线与该点的切削速度向量 v_c 所组成的平面。对于车刀，切削平面一般为铅垂面。

正交平面（P_o）：过切削刃上选定点，同时垂直于该点基面 P_r 和切削平面 P_s 的平面。对于车刀，正交平面一般也是铅垂面。

显然，对于切削刃上某一选定点，该点的基面 P_r、切削平面 P_s 和正交平面 P_o 构成了一个两两互相垂直的空间直角坐标系，称之为正交平面参考系。

2. 法平面参考系

基面 P_r 和切削平面 P_s 的定义与正交平面参考系里的 P_r、P_s 相同。

法平面（P_n）：过切削刃上选定点垂直于切削刃或其切线的平面。对于切削刃上某一选定点，该点的法平面 P_n、基面 P_r 和切削平面 P_s 就构成了法平面参考系。在法平面参考系中，$P_s \perp P_r$，$P_s \perp P_n$，但在刃倾角 $\lambda_s \neq 0$ 的条件下，P_n 不垂直于 P_r。

3. 背平面和假定工作平面参考系

基面 P_r 的定义同正交平面参考系。

背平面（P_p）：过切削上选定点，平行于刀杆中心线并垂直于基面 P_r 的平面，它与进给方向 v_f 是垂直的。

假定工作平面（P_f）：过切削刃上选定点，同时垂直于刀杆中心线与基面 P_r 的平面，它与进给方向 v_f 平行。

对于切削刃上某一选定点，该点的 P_p、P_f 与 P_r 就构成了背平面和假定工作平面参考系。显然，这个参考系也是一个空间直角坐标系。

（三）刀具标注角度

刀具标注角度的作用有两个：一是确定刀具上切削刃的空间位置；二是确定刀具上前、后面的空间位置。现以外圆车刀为例予以说明。

刀具在正交平面参考系中的角度：

主偏角 κ_r：主切削刃在基面上的投影与进给方向之间的夹角，在基面 P_r 上测量。

刃倾角 λ_s：主切削刃与基面 P_r 的夹角，在切削平面 P_s 中测量。当刀尖在主切削刃上为最低点时，λ_s 为负值；反之，当刀尖在主切削刃上为最高点时，λ_s 为正值。

前角 γ_o：在主切削刃上选定点的正交平面 P_o 内，前面与基面之间的夹角。

后角 α_o：在同一正交平面 P_o 内，后面与切削平面之间的夹角。

以上四个角度与主切削刃有关，以下两个角度与副切削刃有关：

副偏角 κ_r'：副切削刃在基面上的投影与进给方向之间的夹角，它在基面 P_r 上测量。

副后角 α_o'：在副切削刃上选定点的副正交平面 P_o' 内，副后面与副切削平面之间的夹角。副切削平面是过该选定点作副切削刃的切线，此切线与该点切削速度向量所组成的平面。副正交平面 P_o' 是过该选定点并垂直于副切削平面与基面的平面。

以上是外圆车刀必须标出的 6 个基本角度。有了这 6 个基本角度，外圆车刀的三面（前面、主后面、副后面）、两刃（主切削刃、副切削刃）、一尖（刀尖）的空间位置就完全确定下来了。根据实际需要，还可以标出以下的其他角度：

楔角 β_o：在主切削刃上选定点的正交平面 P_o 内，前面与后面的夹角，$\beta_o = 90° - \gamma_o + \alpha_o$。

刀尖角 ε_r：主、副切削刃在基面上投影之间的夹角，在基面 P_r 上测量，$\varepsilon_r = 180° - (\kappa_r + \kappa_r')$。

余偏角 ψ_r：主切削刃在基面上的投影与进给方向垂线之间的夹角，在基面 P_r 上测量，$\psi_r = 90° - \kappa_r$。

（四）刀具工作角度

在实际使用时，静止参考系所确定的刀具角度，往往不能确切地反映切削加工的真实情形。只有用合成切削运动方向 v_e 来确定参考系，才符合切削加工的实际。

同样，刀具实际安装位置也影响工作角度的大小。只有采用刀具工作角度的参考系，才能反映切削加工的实际情况。

刀具工作角度参考系同刀具角度静止参考系的唯一区别是用 v_e 取代 v_c，用实际进给运动方向取代假设进给运动方向。

刀具在工作状态下的切削角度，称为刀具的工作角度。工作角度记作：γ_{oe}、α_{oe}、κ_{re}、κ_{re}'、λ_{se}、α_{oe}' 等。

1. 进给运动对工作角度的影响

①横向进给运动对工作角度的影响。车端面或切断时，车刀沿横向进给，合成运动方向与主运动方向的夹角为 μ，$\tan\mu = \dfrac{v_f}{v_c} = \dfrac{f}{\pi d}$，运动轨迹是阿基米德螺旋线。这时工作基面 P_{re} 和工作切削平面 P_{se} 分别相对于基面 P_r 和切削平面 P_e 转过 μ 角。刀具的工作前角 γ_{oe} 增大和工作后角 α_{oe} 减小，分别为

$$\gamma_{oe} = \gamma_o + \mu , \ \alpha_{oe} = \alpha_o - \mu$$

②纵向进给运动对工作角度的影响。车外圆或车螺纹时，合成运动方向与主运动方向之间的夹角为 μ_f，这时工作基面 P_{re} 和工作切削平面 P_{se}，分别相对于基面 P_r 和切削平面 P_s 转过向角 μ_f。刀具的工作前角 γ_{oe} 增大和工作后角 α_{oe} 减小，分别为

$$\gamma_{oe} = \gamma_o + \mu , \ \alpha_{oe} = \alpha_o - \mu$$

$$\tan\mu = \tan\mu_f \cdot \sin\kappa_\gamma = \frac{f \cdot \sin\kappa_\gamma}{\pi d} \qquad (1-10)$$

式中 f ——纵向进给量，或被切螺纹的导程，mm/r；

d ——工件选定点的直径，mm；

μ_f ——螺旋升角，°。

一般车削时，进给量比工件直径小得多，故角度 μ 很小，对车刀工作角度影响很小，可忽略不计。但若进给量较大时（如加工丝杠、多头螺纹），则应考虑角度 μ 的影响。车削右旋螺纹时，车刀左侧刃后角应大些，右侧刃后角应小些；或者使用可转角度刀架将刀具倾斜一个 μ 角安装，使左右两侧刃工作前后角相同。

2. 刀具安装对工作角度的影响

①刀刃安装高度对工作角度的影响。车削时刀具的安装常会出现刀刃安装高于或低于工件回转中心的情况，此时工作基面、工作切削平面相对于标注参考系产生 θ 角的偏转，将引起工作前角和工作后角的变化：$\gamma_{oe} = \gamma_o \pm \theta$，$\alpha_{oe} = \alpha_o \pm \theta$。

②刀柄安装偏斜对工作角度的影响。在车削时会出现刀柄与进给方向不垂直的情况，此时刀柄垂线与进给方向产生 θ 角的偏转，将引起工作主偏角和工作副偏角的变化：$\kappa_{re} = \kappa_r \pm \theta$，$\kappa'_{re} = \kappa'_r \pm \theta$。

第三节　金属切削刀具

一、刀具材料

刀具在结构上通常包括刀头和刀体两大部分。本节阐述的刀具材料是指刀头即刀具实际参与切削部分的材料。为了完成切削，除了要求刀具具有合理的角度和适当的结构外，刀具材料是保证刀具完成切削功能的重要基础。在切削过程中，由于刀具在大切削力、高切削热、切屑与工件表面剧烈摩擦等恶劣环

境下，刀具的性状会发生一系列改变。因此，不同切削环境和切削条件下选择合适的刀具材料，对于保证刀具具有良好的切削性能，从而保证工件的加工质量、生产率和降低加工成本都具有重要影响。

（一）刀具材料应具备的性能

所谓金属切削加工的实质，就是用比工件材料硬的刀具，在机械能和机械力的作用下，切除工件上多余材料的过程。刀具材料的性能应满足以下基本要求：

1. 硬度和耐磨性

刀具材料的硬度应比工件材料的硬度高，一般常温硬度要求 60HRC 以上。刀具材料应具有较高的耐磨性。材料硬度越高，耐磨性也越好。刀具材料含有耐磨的合金碳化物越多、晶粒越细、分布越均匀，则耐磨性越好。

2. 强度和韧性

刀具材料必须有足够的强度和韧性，以便在承受振动和冲击时不产生崩刃和脆性断裂。

3. 耐热性

刀具材料在高温下保持硬度、耐磨性、强度和韧性的性能。

4. 工艺性

为便于制造，刀具材料本身应具备较好的可加工性（焊接、锻、轧、热处理、切削和磨削等）。

5. 良好的热物理性能和耐热冲击性能

刀具材料导热性要好，不会因受到大的热冲击，产生刀具内部裂纹而导致刀具断裂。

6. 经济性

经济性是评价刀具材料的重要指标之一，刀具材料的价格应低廉，便于推广。但有些材料虽单件成本很高，但因其使用寿命长，分摊到每个工件上的成本不一定很高。

由于在工程实践中，刀具材料的上述几个性能相互间制约，如硬度高、耐磨性越好的材料其韧性和抗破损能力越差，耐热性好的材料韧性又较差。所以应根据具体切削环境和加工对象要求选择合适的刀具材料。

（二）常用刀具材料

刀具材料中使用最广泛的是高速钢和硬质合金，主要有碳素工具钢、合金工具钢、高速钢、硬质合金、陶瓷、金刚石、立方氮化硼等。碳素工具钢（如T10A、T12A）及合金工具钢（如 9SiCr、CrWMn）因耐热性较差，通常仅用于手动刀具和切削速度较低的刀具。陶瓷、金刚石、立方氮化硼虽然性能好，但由于成本较高，经济性差，目前并没有广泛使用。

1. 碳素工具钢与合金工具钢

碳素工具钢是含碳量最高的优质钢（通常含碳量的质量百分数在 0.7％～1.2％），如 T10A。碳素工具钢淬火后具有较高硬度，而且价格低廉。但这种材料的最大缺点是热硬性差，当温度达到 200℃时，即不能保持原来的硬度，并且淬火后容易产生变形和裂纹。

合金工具钢是在碳素工具钢中加入少量的 Cr、W、Mn、Si 等合金元素组成的刀具材料（如 9SiCr）。与碳素工具钢相比，合金工具钢的热硬性有所改善，淬火后的变形也较小。

上述两种刀具材料的耐热性都比较差，所以常用在制造手动刀具和一些形状较简单的低速切削环境的刀具，如锉刀、锯条和手用铰刀等。

2. 高速钢

高速钢又称锋钢或风钢，是含有 W、Mo、Cr、V 等合金元素较多的合金工具钢。它所允许的切削速度比碳素工具钢及合金工具钢高 1～3 倍，故称为高速钢。高速钢具有较高的耐热性，在 500～650℃时仍能切削。高速钢还具有高的强度、硬度（62～70HRC）和耐磨性，另外，其热处理变形小、能锻易磨，是一种综合性能好、应用最广泛的刀具材料。特别适合制造结构复杂的成形刀具、钻头、滚刀、剃齿刀、拉刀和螺纹刀具等。由于高速钢的硬度、耐磨性、耐热性不及硬质合金，因此只适于制造中、低速切削的各种刀具。高速钢分两大类：普通高速钢和高性能高速钢。切削一般材料可选用普通高速钢，其中 W18Cr4V 过去国内用得多，目前国内外大量使用的是 W6Mo5Cr4V2；切削难加工材料时可选用高性能高速钢。

3. 硬质合金

硬质合金是由高硬度的难熔金属碳化物（如 WC、TiC、TaC、NbC 等）和金属黏结剂（如 Co、Ni、Mo 等）经高温高压的粉末冶金烧结方法制成的。硬质合金的硬度特别是高温硬度、耐磨性、耐热性都高于高速钢，硬质合金的常温硬度可达 89～94HRA，在 800～1000℃时仍能进行切削。硬质合金的切削性能优于高速钢，刀具耐用度也比高速钢高几倍到几十倍，在相同耐用度时，切削速度可提高 4～10 倍。但硬质合金较脆，抗弯强度低，韧性也很低。

硬质合金的种类很多，ISO 组织将切削用硬质合金分为 K、P、M 三类，分别大致对应国内常见的有钨钴类（YG）、钨钛钴类（YT）、稀有金属碳化物类（YW）。

硬质合金的代号里，Y 表示硬质合金；G 代表钴，其后数字表示合金中的钴含量；T 表示钛，其后数字表示合金中 TiC 的含量；W 表示通用合金。

其中，YG 类一般用于切削铸铁等脆性材料和有色金属及其合金，也适于加工不锈钢、高温合金、钛合金等难加工材料；常用牌号有 YG3、YG6、YG6X、YG8。精加工可用 YG3，半精加工选用 YG6、YG6X，粗加工宜用 YG8。

YT 类一般用于连续切削塑性金属材料，如普通碳钢、合金钢等。但不宜用于加工含钛的不锈钢和钛合金，因为硬质合金中的钛元素和工件材料中的钛元素之间易发生亲和作用，会加速刀具的磨损。常用牌号有 YT5、YT14、YT15、YT30。精加工可用 YT30，半精加工选用 YT14、YT15，粗加工宜用 YT5。

YW 类主要用于难切削材料的加工。

硬质合金中含 Co 量增多，WC、TiC 含量减少时，抗弯强度和冲击韧性提高，适用于粗加工；含 Co 量减少，WC、TiC 增加时，其硬度、耐磨性及耐热性提高，强度及韧性降低，适用于精加工；所以新型的镍钼钛类（YN类）硬质合金含碳量较低，但 TiC 含量可达 60% 以上。

4. 其他刀具材料

①陶瓷。陶瓷是以氧化铝（Al_2O_3）或以氮化硅（Si_3N_4）为基体再添加少量金属，在高温下烧结而成的一种刀具材料。陶瓷刀具比硬质合金具有更高的硬度和耐热性，在 1200℃ 的温度下仍能切削，切削速度更高，并可切削难加工的高硬度材料。它的主要缺点是性脆，抗冲击韧性差，抗弯强度低。

②金刚石。天然金刚石是自然界最硬的材料。耐磨性极好，但价格昂贵，主要用于制造加工精度和表面粗糙度要求极高的零件的刀具，如加工磁盘、激光反射镜等。人造金刚石是除天然金刚石外最硬的材料，多用于有色金属及非金属材料的超精加工以及作磨料用。

③立方氮化硼。立方氮化硼刀具硬度与耐磨性仅次于金刚石。它的耐热性可达 1300t 以上，化学稳定性很高，在高温下与大多数铁族金属都不起化学反应，一般用于高硬度和难加工材料的高速精加工。

（三）刀具改性技术——涂层刀具

1. 现代涂层刀具技术

涂层刀具已成为现代切削刀具的标志，在刀具中的使用比例已超过 50%。切削加工中传统使用的各种刀具，如车刀、镗刀、钻头、铰刀、拉刀、丝锥、螺纹梳刀、滚压头、铣刀、成形刀具、齿轮滚刀和插齿刀等都可采用涂层工艺来提高它们的使用性能。

涂层刀具是在强度和韧性较好的硬质合金或高速钢（HSS）基体表面上，利用气相沉积方法涂覆一薄层耐磨性好的难熔金属或非金属化合物（也可涂覆在陶瓷、金刚石和立方氮化硼等超硬材料刀片上）而获得的。涂层作为一个化学屏障和热屏障，涂层刀具的构成减少了刀具与工件间的扩散和化学反应，从而减少了月牙槽磨损。涂层刀具具有表面硬度高、耐磨性好、化学性能稳定、耐热耐氧化、摩擦因数小和热导率低等特性，切削时可比未涂层刀具提高刀具寿命 3～5 倍以上，提高切削速度 20％～70％，提高加工精度 0.5～1 级，降低刀具消耗费用 20％～50％。

2. 涂层方法

生产上常用的涂层方法有两种：物理气相沉积（PVD）法和化学气相沉积（CVD）法。前者沉积温度为 500℃，涂层厚度为 2～5μm；后者的沉积温度为 900～1100℃，涂层厚度可达 5～10μm，并且设备简单，涂层均匀。因 PVD 法未超过高速钢本身的回火温度，故高速钢刀具一般采用 PVD 法，硬质合金大多采用 CVD 法。硬质合金用 CVD 法涂层时，由于其沉积温度高，故涂层与基体之间容易形成一层脆性的脱碳层（η相），导致刀片脆性破裂。近十几年来，随着涂覆技术的进步，硬质合金也可采用 PVD 法。国外还用 PVD/CVD 相结合的技术，开发了复合的涂层工艺，称为 PACVD 法（等离子体化学气相沉积法），即利用等离子体来促进化学反应，可把涂覆温度降至 400℃以下（涂覆温度已可降至 180～200℃），使硬质合金基体与涂层材料之间不会产生扩散、相变或交换反应，可保持刀片原有的韧性。文献记载，这种方法对涂覆金刚石和立方氮化硼超硬涂层特别有效。

3. 新型涂层技术

用 CVD 法涂层时，切削刃需预先进行钝化处理（钝圆半径一般为 0.02～0.08mm，切削刃强度随钝圆半径增大而提高），故刃口没有未涂层刀片锋利。所以，对精加工产生薄切屑、要求切削刃锋利的刀具应采用 PVD 法。涂层工艺除可涂覆在普通切削刀片上外，还可涂覆到整体刀具上，目前已发展到涂覆在焊的硬质合金刀具上。

Ti－Al－X－N 新型涂层技术是利用气相沉积方法在高强度工具基体表面涂覆几微米高硬度、高耐磨性难熔 Ti－Al－X－N 涂层，从而达到减少刀具磨损、延长寿命、提高切削速度的目的。这在国内高档数控机床与国家重大基础制造装备中已经得到应用。

二、刀具磨损与耐用度

切削金属时，刀具一方面切下切屑，另一方面刀具本身也要发生损坏。刀具不能正常使用则刀具失效。

刀具失效的形式主要有磨损和破损两类。前者是连续的逐渐磨损，属正常磨损；后者包括脆性破损（如崩刃、碎断、剥落、裂纹破损等）和塑性破损两种，属非正常磨损。刀具磨损后，使工件加工精度降低，表面粗糙度增大，并导致切削力加大、切削温度升高，甚至产生振动，不能继续正常切削。因此，刀具磨损直接影响加工效率、质量和成本。

刀具耐用度是表征刀具材料切削性能优劣的综合性指标。在相同切削条件下，耐用度越高，则刀具材料的耐磨性越好。在比较不同的工件材料切削加工性时，刀具耐用度也是一个重要的指标，刀具耐用度越高，则工件材料的切削加工性越好。

（一）刀具磨损

切削时，刀具表面与切屑和工件表面间的接触区产生剧烈摩擦，同时温度和压力很高，其结果是刀具的前刀面和后刀面磨损。

1. 刀具磨损的形态

（1）前刀面磨损（月牙洼磨损）

加工塑性材料时，若切削速度较高、切削厚度较大，会在前刀面上磨出一个月牙洼。因为月牙洼处的切削温度最高，因此磨损最大。月牙洼和切削刃之间有一条棱边，在磨损过程中，月牙洼逐渐加深加宽，当月牙洼扩展到接近刃口时，切削刃的强度将大大减弱，结果导致崩刃。月牙洼磨损量以其宽度 K_B 和深度 K_T 表示。

（2）后刀面磨损

由于加工表面和后刀面间存在着强烈的摩擦，在后刀面上毗邻切削刃的地方很快就磨出一个后角为零的小棱面，这就是后刀面磨损。在切削速度较低、切厚较小的情况下，切削塑性金属以及脆性金属时，一般不产生月牙洼磨损，但会发生后刀面磨损。

在参与切削工作的切削刃对应各点上，后刀面磨损是不均匀的。在刀尖部分由于强度和散热条件差，因此磨损剧烈，其最大值为 V_C。在切削刃靠近工件外表面处，由于加工硬化层或毛坯表面硬层等影响，往往在该区产生较大的磨损沟而形成缺口。该区域的磨损又称为"边界磨损"，其磨损量用 V_N 表示。在参与切削的切削刃中部，其磨损较均匀，以 V_B 表示平均磨损值，以 V_{Bmax} 表示最大磨损值。

（3）前、后刀面同时磨损

这是一种兼有上述两种情况的磨损形式。在切削塑性金属时，若切削厚度适中，经常会发生这种形态的磨损。

2. 刀具磨损的原因

为了减小和控制刀具磨损以及研制新型刀具材料，必须研究刀具磨损的原因和本质，即从微观上探讨刀具在切削过程中是怎样磨损的。刀具经常工作在高温、高压下，其磨损经常是机械、热、化学等多种作用的综合结果，实际情况很复杂，尚待进一步研究。到目前为止，刀具磨损的机理主要有以下几个方面。

（1）硬质点划痕（磨料磨损）

硬质点划痕（磨料磨损）是一种纯机械作用的结果。切削时，工件或切屑中的微小硬质点（碳化物如 Fe_3C、TiC 等，氮化物如 AlN、Si_3N_4 等，氧化物如 SiO_2，Al_2O_3 等）以及积屑瘤碎片，不断滑擦前后刀面，划出沟纹，很像砂轮磨削工件一样，刀具被一层层磨掉。

磨料磨损在各种切削速度下都存在，但在低速下，磨料磨损是刀具磨损的主要原因。这是因为在低速下，切削温度较低，其他原因产生的磨损不明显。刀具抵抗磨料磨损的能力大小主要取决于其硬度和耐磨性。

（2）黏结磨损（冷焊磨损）

切屑底面和工件表面与前后刀面之间存在着很大的压力和强烈的摩擦，当它们达到原子间距离时，就会发生黏结，也称冷焊（即压力黏结）。由于摩擦副的相对运动，冷焊黏结将被破坏而被一方带走，从而造成黏结磨损。

由于工件的硬度比刀具的硬度低，所以冷焊黏结破坏往往发生在工件或切屑一方。但由于交变应力、接触疲劳、热应力以及刀具表层结构缺陷等原因，冷焊黏结的破坏也会发生在刀具一方。这时刀具材料表面的颗粒被工件或切屑带走，从而造成刀具磨损。这是一种物理作用（分子吸附作用）。在中等偏低的速度下切削塑性材料时黏结磨损较为严重。

（3）扩散磨损

由于切屑温度很高，刀具与工件刚切出的新鲜表面接触，化学活性很大，刀具与工件材料的化学元素有可能互相扩散，使二者的化学成分发生变化，削弱了刀具材料的切削性能，加速了刀具磨损。例如，硬质合金刀片切钢，当温度达到 800℃时，硬质合金中的钴迅速地扩散到切屑、工件中，WC 分解为钨和碳扩散到钢中。随着切削过程的进行，切屑和工件都在高速运动，它们和刀具表面在接触区内始终保持着扩散元素的浓度梯度，从而使扩散现象持续进行，于是硬质合金发生贫碳、贫钨现象。而钴的减少，又使硬质相对黏结强度降低。切屑、工件中的铁和碳则扩散到硬质合金中去，形成低硬度、高脆性的复合碳化物，扩散的结果加剧了刀具磨损。

扩散磨损常与黏结磨损、磨料磨损同时产生。前刀面上温度最高处的扩散作用最强烈，于是该处外观常表征为月牙注。抗扩散磨损能力取决于刀具的耐热性。氧化铝陶瓷和立方氮化硼刀具抗扩散磨损能力较强。

（4）化学磨损（氧化磨损）

当切削温度达到 $700 \sim 800℃$ 时，空气中的氧在切屑形成的高温区中与刀具材料中的某些成分（Co、WC、TiC）发生氧化反应，产生较软的氧化物（Co_{304}、CoO、Wm、Ti_{D2}），从而使刀具表面层硬度下降，较软的氧化物被切屑或工件擦掉而形成氧化磨损。这是一种化学反应过程。最容易在主副切削刃工作的边界处（此处易与空气接触）发生这种氧化反应。

总之，在不同的工件材料、刀具材料和切削条件下，磨损的原因和强度是不同的。对于一定的刀具和工件材料，切削温度对刀具磨损具有决定性的影响。高温时扩散磨损、相变磨损（高温而产生相变）和氧化磨损强度较高；在中、低温时，黏结磨损占主导地位；磨料磨损则在不同切削温度下都存在。

3. 刀具磨损过程

磨损过程分为以下三个阶段。

（1）初期磨损阶段

初期磨损的特点：在极短的时间内，V_B 上升很快。由于新刀刃磨后，其表面存在微观不平度，后刀面与工件之间为凸峰点接触，故磨损很快。所以，初期磨损量的大小与刀具刃磨后表面质量有很大的关系，通常 $V_B = 0.05 \sim 0.1\text{mm}$。经过研磨的刀具，初期磨损量小，而且要耐用得多。

（2）正常磨损阶段

正常磨损的特点：刀具在较长的时间内缓慢地磨损，且磨损曲线基本呈线性关系。经过初期磨损后，后刀面上的微观不平度已经被磨掉，后刀面与工件的接触面积增大，压强减小，且分布均匀，所以磨损量缓慢且均匀地增加。这就是正常磨损阶段，也是刀具工作的有效时间段。曲线的斜率大小代表了刀具正常工作时的磨损强度。磨损强度是衡量刀具切削性能的重要指标之一。

（3）急剧磨损阶段

急剧磨损的特点：在相对很短的时间内，刀具磨损量急剧增加，进而完全失效。刀具经过正常磨损阶段后，切削刃变钝，切削力增大，切削温度升高，这时刀具的磨损情况发生了质的变化而进入急剧磨损阶段。这一阶段磨损强度很大。此时如刀具继续工作，不但不能保证加工质量，反而消耗刀具材料，经济上不合算。因此，刀具在进入急剧磨损阶段前必须重新刃磨刀具或换刀。

4. 刀具的磨钝标准

刀具磨损到一定限度就不能再继续使用了，这个磨损限度称为磨钝标准。

一般刀具的后刀面上都有磨损，它对加工质量、切削力和切削温度的影响比前刀面磨损显著，同时后刀面磨损量易于测量。因此，工程中常用后刀面的磨损量来制定刀具的磨钝标准。它是以后刀面磨损带的中间部分平均磨损量能

允许达到的最大值 V_B 表示。ISO 统一规定以 1/2 背吃刀量处后刀面上测定的磨损带高度 V_B 作为刀具磨钝标准。

自动化生产中用的精加工刀具，常以沿工件径向的刀具磨损尺寸作为衡量刀具的磨钝标准，称为刀具径向磨损量，以 N_B 表示。

规定磨钝标准有两种考虑：一种是充分利用正常磨损阶段的磨损量，来充分利用刀具材料，减少换刀次数，它适用于粗加工和半精加工；另一种是根据加工精度和表面质量要求确定磨钝标准，此时 V_B 值应取较小值，称为工艺磨钝标准。

在柔性加工设备上，经常也用切削力的数值作为刀具的磨钝标准，从而实现对刀具磨损状态的自动监控。

工艺系统刚性较差时应规定较小的磨钝标准。因为当后刀面磨损后，切削力将增大，尤以背向力 F_p 增大最为显著。

切削难加工材料时，切削温度较高，一般应选用较小的磨钝标准。

（二）刀具耐用度

1. 刀具的耐用度与刀具寿命

一把刀具刃磨后从开始切削直到磨损量达到磨钝标准为止的切削时间称为刀具耐用度，以 T 表示。耐用度是指净切削时间，不包括用于对刀、测量、快进、回程、刃磨等非切削时间。

刀具耐用度是一个重要参数。在相同切削条件下切削某种工件材料时，可以用耐用度来比较不同刀具材料的切削性能；同一刀具材料切削各种工件材料，可以用耐用度来比较材料的切削加工性；还可以用耐用度来判断刀具几何参数是否合理。对于某一切削加工，当工件、刀具材料和刀具几何形状选定之后，切削用量是影响刀具耐用度的主要因素。

刀具寿命是指一把新刀具从使用到报废为止的切削时间。它是刀具耐用度与刀具刃磨次数的乘积。

2. 切削用量对刀具耐用度的影响

切削用量与刀具耐用度的关系是用实验方法求得的。通过单因素实验，先选定刀具后刀面的磨钝标准，固定其他切削条件，分别改变切削速度、进给量和背吃刀量，求出对应的 T 值，在双对数坐标纸上画出它们的图形，经过数据整理后可得出刀具耐用度实验公式。

（1）切削速度与刀具耐用度的关系

在常用的切削速度范围内，用不同的切削速度 v_1、v_2、v_3…试验，可以得到各种切削速度下的刀具磨损曲线。根据规定的磨钝标准 V_B，求出各种曲线速度下对应刀具的使用寿命 T_1、T_2、T_3…。再在双对数坐标纸上标出（T_1，

v_1）、（T_2，v_2）、（T_3，v_3）…各点。可见，在一定的切削速度范围内，这些点的分布基本呈现在一条直线上。这条直线的方程为

$$\lg v = -m \lg T + \lg A \qquad (1-11)$$

式中 T ——刀具耐用度，s 或 min；

　　　m ——直线方程的斜率；

　　　A ——当 $T = 1s$（或 1min）时直线在纵坐标上的截距。

因此 $T - v$ 关系式可以写成

$$v = \frac{A}{T^m} \qquad (1-12)$$

式（1—12）是选择切削速度的重要依据，它揭示了切削速度与刀具耐用度之间的关系。切削速度 v 的变化，会使刀具耐用度发生改变，m 的大小反映了刀具耐用度对切削速度变化的敏感性。m 越小，表示 T 对 v 的变化越敏感，即刀具的切削性能越差。对于高速钢，$m = 0.1 \sim 0.125$；硬质合金，$m = 0.2 \sim 0.3$；陶瓷刀具，$m = 0.2 \sim 0.4$。

（2）进给量、背吃刀量与刀具耐用度的关系

按照 $T - v$ 关系式的求法，同样可以得到 $T - f$ 和 $T - a_p$ 的关系式

$$f = \frac{B}{T^n} \qquad (1-13)$$

$$a_p = \frac{C}{T^p} \qquad (1-14)$$

式中 f ——进给量，r/min；

　　　a_p ——背吃刀量，mm；

　　　B、C ——常系数；

　　　n、p ——针对不同变量的影响指数。

综合以上三式，可以得到切削用量三要素与刀具耐用度的关系式为

$$T = \frac{C_v}{v^{\frac{1}{m}} f^{\frac{1}{n}} a_p^{\frac{1}{p}}} \qquad (1-15)$$

式中 C_v ——工件材料、刀具材料和其他切削条件有关的系数。

由上式可知，切削速度 v 对刀具耐用度的影响最大，进给量 f 次之，背吃刀量 a_p 最小，这与三者对切削温度的影响顺序完全一致。这也反映出切削温度对刀具磨损及耐用度有着最重要的影响。

3. 刀具耐用度的选择

在实际生产中，刀具耐用度同生产效率和加工成本之间存在着较复杂的关系。因此，刀具耐用度并不是越高越好，如果把刀具耐用度选得过高，则切削用量势必被限制在很低的水平，虽然此时刀具的消耗及其费用较少，但过低的

加工效率也会使加工经济性变得很差。若刀具耐用度选得过低，虽可采用较高的切削用量使金属切除量增多，但由于刀具磨损加快而使换刀、刃磨的工时和费用显著增加，同样达不到高效率、低成本的要求。

在制定切削用量时，应首先选择合理的刀具耐用度。生产实际中有两种方法：一是最高生产率耐用度，即根据单件工时最少的目标确定耐用度；二是最低成本耐用度，即根据工序成本最低的目标确定耐用度。在一般情况下应采用最低成本耐用度，只有当生产任务急迫或生产中出现不平衡的薄弱环节时，才选用最高生产率耐用度。

在生产中选择刀具耐用度时，一般应考虑和遵守以下原则：

①刀具的复杂程度和制造、重磨的费用。简单的刀具如车刀、钻头等，耐用度选得低些；结构复杂和精度高的刀具，如拉刀、齿轮刀具等，耐用度选得高些。同一类刀具，尺寸大的，制造和刃磨成本（有些刀具的刃磨还需要专门的刀具专业厂完成）均较高，耐用度规定就得高些。

②装卡、调整比较复杂的刀具，如多刀车床上的车刀，组合机床上的钻头、丝锥、铣刀、自动机及自动线上的刀具，为尽量减少非有效切削时间，提高效率，耐用度应选得高一些，一般为通用机床上同类刀具的2～4倍。

③某工序的生产成为生产线上的瓶颈时，刀具耐用度应定得低些，这样可以选用较大的切削用量，以加快该工序生产节拍。某工序单位时间的生产成本较高时，刀具耐用度应规定得低些，这样可以选用较大的切削用量，缩短加工时间。

④精加工尺寸很大或需频繁转序挪动的工件时，刀具耐用度应按零件精度和表面粗糙度要求决定，避免在加工同一表面时中途换刀，从而保证刀具耐用度足够完成一次走刀。

三、金属切削条件的合理选择

（一）刀具角度的影响与选择

刀具几何参数可分为两类：一类是刀具角度参数，另一类是刀具刃型尺寸参数。各参数之间存在着相互依赖、相互制约的作用，因此应综合考虑各种参数，以便进行合理地选择。虽然刀具材料的优选对于切削过程的优化具有关键作用，但刀具几何参数的选择不合理也会使刀具材料的切削性能得不到充分的发挥。

在保证加工质量的前提下，能够满足刀具使用寿命长、生产效率高、加工成本低的几何参数，称为刀具的合理几何参数。

1. 选择刀具几何参数应考虑的因素

①工件材料：要考虑工件材料的化学成分、制造方法、热处理状态、物理

和机械性能（包括硬度、抗拉强度、延伸率、冲击韧性、导热系数等），还有工件毛坯表层情况、工件的形状、尺寸、精度和表面质量要求等。

②刀具材料和刀具结构：除了要考虑刀具材料的化学成分、物理和机械性能（包括硬度、抗弯强度、冲击值、耐磨性、热硬性和导热系数）外，还要考虑刀具的结构形式与安装方式。

③具体的加工条件：比如要综合考虑机床、夹具的情况，工艺系统刚性及机床功率大小，切削用量和切削液性能等。一般地说，粗加工时，着重考虑保证最大的生产率；精加工时，主要考虑保证加工精度和已加工表面的质量要求；对于自动线生产用的刀具，主要考虑刀具工作的稳定性，有时还要考虑自动断屑与排屑问题；机床刚性和动力不足时，刀具应力求锋利，以减小切削力和振动。

2. 刀具角度的选择

（1）前角及前刀面的选择

前角 γ_o 影响切削过程中的变形和摩擦，同时还影响刀具的强度。

增大前角能使刀刃变得锋利，使切削轻快，可减小切削力和切削热，对刀具寿命有利。前角的大小对表面粗糙度、排屑和断屑等也有一定影响。增大前角还可以抑制积屑瘤的产生，改善已加工表面的质量。

但是，增大前角会使刀具楔角 β 减小，使切削刃强度降低，容易造成崩刃；同时会降低散热效应，使切削温度升高，对刀具寿命不利。因此刀具前角存在一个最佳值 γ_{opt}，通常称 γ_{opt} 为刀具的合理前角。

在刀具强度许可条件下，尽可能选用大的前角。刀具材料韧性好（如高速钢），前角可选得大些，反之应选得小些（如硬质合金）。精加工时，前角可选得大些；粗加工时应选得小些。工件材料的强度、硬度低，前角应选得大些，反之应选得小些（如有色金属加工时，选前角较大）。硬质合金类车刀车削不同材料时常使用的合理前角见表1—3。

表1—3   硬质合金车刀常见的合理前角（单位：°）

工件材料	低碳钢	中碳钢	合金钢	淬火钢	不锈钢	灰铸铁	铜及铜合金	铝及铝合金	钛合金
粗车	20～25	10～15	10—15	−15～ −5	15～20	10～15	10～15	30～35	5～10
精车	25～30	15～20	15～20		20～25	5～10	5～10	35～40	

（2）后角（副后角）选择

后角 α_o 的主要功用是减小后刀面与工件间的摩擦和降低后刀面的磨损，其大小对刀具耐用度和加工表面质量都有很大影响。后角同时也会影响刀具的强度。

增大后角（副后角），可减轻刀具后面与过渡表面之间的摩擦，使刀具磨损减小，寿命提高，故后角不能取负值。增大后角，还可使切削刃更锋利，有利于改善加工表面质量。但后角过大，刀具的楔角会太小导致切削刃强度降低，散热效果减小，刀具耐用度反而降低。因此，后角也存在一个合理值。粗加工以确保刀具强度为主，可在 $4°\sim6°$ 内选取；精加工以确保加工表面质量为主，常取 $8°\sim12°$。

一般情况下，切削厚度越大，刀具后角越小；工件材料越软，塑性越大，后角越大；工艺系统刚性较差时，应适当减小后角（切削时起支承作用，增加系统刚性并起消振作用）；工件的尺寸精度要求较高时，后角宜取小值。表 1—4 为硬质合金车刀后角的合理值。

表 1—4   硬质合金车刀常见的合理后角（单位：°）

工件材料	低碳钢	中碳钢	合金钢	淬火钢	不锈钢	灰铸铁	铜及铜合金	铝及铝合金	钛合金
粗车	8～10	5～7	5～7	8～10	6～8	4～6	6～8	8～10	10～15
精车	10～12	6～8	6～8		8～10	6～8	6～8	10～12	

（3）主偏角 κ_r、副偏角 κ_r' 的选择

主偏角和副偏角的主要功用有以下几个方面：

①影响已加工表面的残留面积高度。减小主偏角和副偏角，可以减小已加工表面粗糙度，特别是副偏角对已加工表面粗糙度的影响更大。

②影响切削层形状。主偏角直接影响切削层公称宽度和单位长度切削刃上的切削负荷。在背吃刀量 a_p 和进给量 f 一定的情况下，增大主偏角，切削层公称宽度 b_D 减小，切削层公称厚度 h_D 增大，切削刃单位长度上的负荷随之增大。因此，主偏角将直接影响刀具的磨损和使用寿命。

③影响切削分力的大小和比例关系。增大主偏角可减小背向力 F_p，增大进给力 F_f，但同时也增大了副偏角，从而有利于减小工艺系统的弹性变形和振动。

④影响刀尖角的大小。主偏角和副偏角共同决定了刀尖角 ε，故直接影响刀尖强度。

⑤影响断屑效果和排屑方向。增大主偏角，切屑变厚变窄，容易折断。

在工艺系统刚性很好时，减小主偏角可提高刀具耐用度、减小已加工表面的粗糙度，所以 κ_r 宜取小值；在工件刚性较差时，为避免工件的变形和振动，应选用较大的主偏角。

一般加工条件下，应选取较小的副偏角 κ_r'，以减小副切削刃和副后刀面

与工件已加工表面之间的摩擦和防止切削振动。

（4）刃倾角 λ_s 的选择

刃倾角的主要作用是影响刀头的强度和切屑流动的方向。

粗加工时，为提高刀具强度，λ_s 取负值；精加工时，为不使切屑划伤已加工表面，λ_s 常取正值或 0。

（二）切削用量的合理选择

切削用量不仅是在机床调整前必须确定的重要参数，而且其数值合理与否对加工质量、加工效率、生产成本等有着非常重要的影响。所谓"合理的"切削用量是指能充分利用刀具切削性能和机床动力性能（功率、扭矩），在保证质量的前提下，获得高的生产率和低的加工成本的切削用量。

切削用量的选择原则：能达到零件的质量要求（主要指表面粗糙度和加工精度），并在工艺系统强度和刚性允许下，以及充分利用机床功率和发挥刀具切削性能的前提下，选取一组最大的切削用量。

1. 确定切削用量时考虑的因素

金属切除效率与切削用量三要素 v_c、a_p、f 均保持线性关系，即其中任一参数增大一倍，都可使生产率提高一倍。考虑工艺系统各要素的相互影响，选择的切削用量，应是三者的最佳组合。一般情况下尽量优先增大 a_p，以求一次进刀全部切除加工余量。

考虑选用不同的机床因素，背吃刀量 a_p 和切削速度 v_c 增大时，均会使切削时消耗的功率成正比增加，进给量 f 对切削功率影响较小。所以，粗加工时，应选尽可能大的进给量。

切削用量对刀具寿命的影响程度由强到弱依次为 v_c、f、a_p。因此，从保证合理的刀具寿命出发，在确定切削用量时，应首先采用尽可能大的背吃刀量 a_p，然后再选用大的进给量 f，最后求出切削速度 v_c。

增大进给量将使表面粗糙度值变大，但是较小的进给量影响了精加工时的生产率。在较理想的情况下，提高切削速度 v_c 能降低表面粗糙度值，背吃刀量 a_p 对表面粗糙度的影响较小。

因此，综合选择切削用量的基本准则是：首先选择一个尽量大的背吃刀量 a_p，其次根据机床进给动力允许条件或被加工表面粗糙度的要求，选择一个较大的进给量 f，最后根据已确定的 a_p 和 f，在刀具耐用度和机床功率许可条件下再选择一个较合理的切削速度 v_c。

2. 制订切削用量

（1）背吃刀量根据加工余量确定

①在粗加工时，一次走刀应尽可能切去全部加工余量，在中等功率机床

上，a_p 可达 8～10mm。

②下列情况可分几次走刀：

a. 加工余量太大，一次走刀切削力太大，机床功率不足或刀具强度不够。

b. 工艺系统刚性不足或加工余量不均匀，引起很大振动时，如加工细长轴或薄壁工件。

c. 断续切削，刀具受到很大的冲击而造成打刀。

在上述情况下，如分两次走刀，第一次的 a_p 应比第二次大，第二次的 a_p 可取加工余量的 1/4～1/3。

③切削表层有硬皮的铸锻件或切削不锈钢等冷硬较严重的材料时，应尽量使背吃刀量超过硬皮或冷硬层厚度，以防刀刃过早磨损或破损。

④在半精加工时，$a_p = 0.5～2mm$。

⑤在精加工时，$a_p = 0.1～0.4mm$。

（2）进给量的选择

粗加工时，合理的进给量应是工艺系统所能承受的最大进给量。最大进给量主要受到机床进给机构的强度、车刀刀杆的强度和刚度、硬质合金或陶瓷刀片的强度及工件的装夹刚度等因素的影响。

精加工时，最大进给量主要受加工精度和表面粗糙度的限制。

工厂生产中，进给量常常根据经验选取。粗加工时，根据加工材料、车刀刀杆尺寸、工件直径及已确定的背吃刀量从《切削用量手册》中查取进给量。若切削力很大、工件长径比很大、刀杆伸出长度很大等特殊情况下，还需对选定的进给量进行校验。

在半精加工和精加工时，则按粗糙度要求，根据工件材料、刀尖圆弧半径、切削速度，从《切削用量手册》中查得进给量。

（3）切削速度的确定

根据已选定的背吃刀量 a_p、进给量 f 及刀具耐用度 T，就可按下列公式计算切削速度 v_c 和机床转速 n。

$$v_c = \frac{K_v C_v}{T^m a_p^{X_v} f^{Y_v}} \qquad (1-16)$$

式中 C_v、X_v、Y_v——根据工件材料、刀具材料、加工方法等在《切削用量手册》中查得；

K_v——切削速度修正系数。

实际生产中也可从《切削用量手册》中选取 v_c 的参考值：粗车时，a_p、f 均较大，v_c 较低；工件材料强度、硬度较高时，应选较低的 v_c；材料加工性越差越低。

在选择 v_c 时，还应考虑以下几点：

①精加工时，应尽量避开积屑瘤和鳞刺产生的区域；

②断续切削时，宜适当降低 v_c；

③在易发生振动的情况下，v_c 应避开自激振动的临界速度；

④加工大件、细长件、薄壁件以及带硬皮的工件时，应选用较低的 v_c。

第二章 金属切削机床

第一节 机床常识

一、机床的分类方法

为了满足不同类型的工件和不同的加工需要，机床的品种和规格繁多，为了便于区别、使用和管理，需要对机床进行分类和编制型号。

（一）按照机床的加工方式、使用的刀具和用途分

机床共分为 12 类：车床、钻床、镗床、磨床、齿轮加工机床、螺纹加工机床、铣床、刨插床、拉床、特种加工机床、锯床和其他机床。

（二）按加工精度的等级分

大部分车床、磨床、齿轮加工机床有 3 个相对精度等级，在机床型号中用汉语拼音字母 P（普通精度，在型号中可省略）、M（精密级）、G（高精度级）表示。有些用于高精度精密加工的机床，要求加工精度等级很高，这些机床通常称为高精度精密机床，例如，坐标镗床、坐标磨床、螺纹磨床等。

（三）按照万能性程度分

1. 通用机床

这类机床的工艺范围很宽，可以加工一定尺寸范围内的多种类型零件，完成多种多样的工序，例如，卧式车床、万能升降台铣床、万能外圆磨床等。

2. 专门化机床

这类机床的工艺范围较窄，只能用于加工不同尺寸的一类或几类零件的一种（或几种）特定工序，例如，丝杠车床、凸轮轴车床等。

3. 专用机床

这类机床的工艺范围最窄，通常只能完成某一特定零件的特定工序。例如，加工机床主轴箱体孔的专用镗床，加工机床导轨的专用导轨磨床等。它是根据特定的工艺要求专门设计、制造的，生产率和自动化程度较高，应用于大

批量生产。组合机床也属于专用机床。

（四）按自动化程度分

手动机床、机动机床、半自动机床和自动机床。

（五）按机床重量分

仪表机床、中小型机床（一般机床）、大型机床（10t）、重型机床（大于30t）和超重型机床（大于100t）。

（六）按控制方式分

仿形机床、数控机床、加工中心等，在机床型号中分别用汉语拼音字母F、K、H表示。

（七）按机床的结构布局分

立式机床、卧式机床、龙门式机床等。

二、机床运动

在切削加工中，为了得到具有一定几何形状、一定精度和表面质量的工件，就要使刀具和工件间按一定的规律完成一系列的运动。这些运动按其功用可分为表面成形运动和辅助运动两大类。

（一）表面成形运动

直接参与切削过程，使之在工件上形成一定几何形状表面的刀具和工件间的相对运动称为表面成形运动。如图2－1所示，为了在车床上车削圆柱面，工件的旋转运动和车刀的纵向直线移动是形成圆柱外表面的成形运动，表面成形运动是机床上最基本的运动，它对被加工表面的精度和表面粗糙度有着直接的影响。各种机床加工时所必须具备的表面成形运动的形式和数目，决定于被加工表面的形状以及所采用的加工方法和刀具结构。图2－2所示为常见的几种工件表面的加工方法及加工的成形运动，由图可以看到，用不同加工方法形成各种表面所需的成形运动，其基本形式为旋转运动和直线运动，即使刀具和工件的运动轨迹比较复杂，也仍然是由这两种运动合成所得到的。例如，车削成形表面时（如图2－2（j）所示），车刀沿曲线的运动是由相互垂直的两个直线运动和力组合而成的。

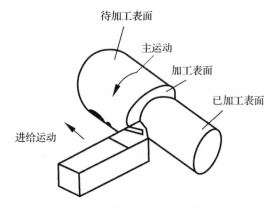

图 2－1　车削圆柱面过程中的运动

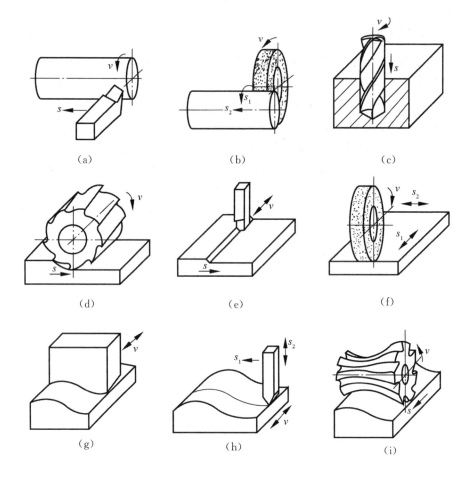

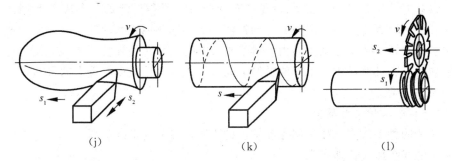

(a) 车外圆柱面；(b) 磨外圆柱面；(c) 钻内圆柱面；(d) 铣平面；

(e) 刨平面；(f) 磨平；(g) 用成形刨刀刨成形面；(h) 用尖头刨刀刨成形面；

(i) 用成形铣刀铣成形面；(j) 用尖头车刀车成形面；

(k) 用螺纹车刀车螺纹；(l) 用螺纹铣刀铣螺纹

图 2－2　常见工件表面的加工方法及其成形运动

根据切削过程中所起的作用不同，表面成形运动可分为主运动和进给运动。主运动是直接切除工件上的被切削层，使之转变为切屑的主要运动，它是速度最高、消耗功率最多的运动。进给运动是不断地把被切削层投入切削，以逐渐切出整个工件表面的运动，如图 2－1 所示。主运动是工件的旋转运动，进给运动是刀具的移动。任何一种机床，必定有且通常也只有一个主运动，但进给运动可能有一个或几个，也可能没有（如拉削）。主运动和进给运动合成的运动称为合成切削运动。

（二）辅助运动

机床上除表面成形运动外的所有运动都是辅助运动，其功用是实现机床加工过程中所必需的各种辅助动作。辅助运动的种类很多，包括：保证获得一定加工尺寸所需的切刀运动，如摇臂钻床上移动钻头对准被加工孔中心；多工位工作台和刀架周期换位以及逐一加工许多相同的局部表面时工件周期换位所需的分度运动，如在万能升降台铣床上做分度头加工齿轮时工件周期地转过一定角度等。此外，机床的启动、停止、变速、变向以及部件和工件的夹紧、松开等操纵控制运动，也都属于辅助运动。

第二节　车床与数控车床

一、车床

在一般机器制造厂中，车床在金属切削机床中所占的比例最大，占金属机床总台数的20%～35%。由此可见，车床的应用是很广泛的，车床主要用于加工各种回转表面（内外圆柱面、圆锥面、成形回转面）和回转体的端面。通常由工件旋转完成主运动，而由刀具沿平行或垂直于工件旋转轴线移动完成进给运动。与工件旋转轴线平行的进给运动称为纵向进给运动；垂直的进给运动称为横向进给运动。

（一）车床的主要类型

车床的种类很多，按其用途和结构的不同，可分为下列几类：

①卧式车床及落地车床；

②立式车床；

③转塔车床（六角车床）；

④多刀半自动车床；

⑤仿形车床及仿形半自动车床；

⑥单轴自动车床；

⑦多轴自动车床及多轴半自动车床。

此外，还有各种专门化车床，例如：凸轮轴车床、曲轴车床、铲齿车床等。

（二）卧式车床

卧式车床是一种品种较多的车床。根据对卧式车床功能要求的不同，这类车床可分卧式车床（普通车床）、马鞍车床、精整车床、无丝杠车床、卡盘车床、落地车床和球面车床等。

卧式车床的加工工艺范围很广，能进行多种表面的加工，如图2-3所示，车削内外圆柱面、圆锥面、成形面、端面、各种螺纹、切槽、切断；也能进行钻孔、扩孔、铰孔和滚花等工作。

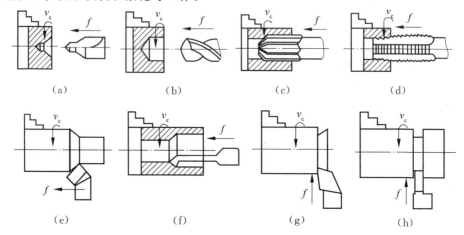

（a）　　　　（b）　　　　（c）　　　　（d）

（e）　　　　（f）　　　　（g）　　　　（h）

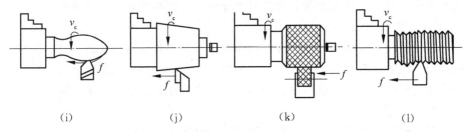

（i）　　　　　　（j）　　　　　　（k）　　　　　　（l）

（a）钻中心孔；（b）钻孔；（c）铰孔；（d）攻螺纹；（e）车外圆；（f）镗孔；

（g）车端面；（h）车槽；（i）车成形面；（j）车圆锥；（k）滚花；（l）车螺纹

图 2—3　卧式车床的加工工艺范围

卧式车床的工艺范围广，生产效率低，适于单件小批量生产和修配车间。卧式车床主要是对各种轴类、套类和盘类零件进行加工。

（三）车床组成部件及功用

卧式车床主要由主轴箱、交换齿轮箱（又称挂轮箱）、进给箱、溜板部分（包括：溜板箱、床鞍、中滑板、小滑板和刀架）、床身、尾座和冷却、照明部分等组成。车床各部分的名称如图 2—4 所示。

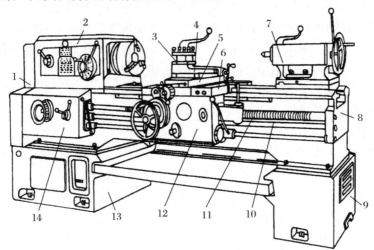

1—推轮变速机构；2—主轴箱；3—刀架；4—小滑板；5—中滑板；

6—床鞍；7—尾座；8—床身；9—右床腿；10—光杠；11—丝杠；

12—溜板箱；13—左床腿；14—进给箱

图 2—4　车床各部分的名称

1. 床身

床身固定在左、右床腿上，是车床的支承部件，用以支承和安装车床的各个部件，例如，主轴箱、溜板箱、尾座等，并保证各部件之间具有正确的相对位置和相对运动。床身上面有两组平行导轨——床鞍导轨和尾座导轨。

2. 主轴箱

主轴箱安装在床身的左上部,箱内有主轴部件和主运动变速机构。调整变速机构可以获得合适的主轴转速。主轴是空心的,中间可以穿过棒料,是主运动的执行件。主轴的前端可以安装卡盘或顶尖等以装夹工件,实现主运动。

3. 进给箱

进给箱安装在床身的左前侧,箱内有进给运动变速机构。主轴箱的运动通过挂轮变速机构将运动传给进给箱。进给箱通过光杠或丝杠将运动传给溜板箱和刀架。

4. 溜板箱

溜板箱安装在刀架部件底部,并通过光杠或丝杠接受进给箱传来的运动,将运动传给刀架部件,实现纵、横向进给或车螺纹运动。床身前方床鞍导轨下安装有长齿条;溜板箱中的小齿轮与其啮合,可带动溜板箱纵向移动。

5. 刀架

刀架装在床身的刀架导轨上,由小滑板、中滑板、床鞍、方刀架组成。方刀架处于最上层,用于夹持刀具。小滑板在方刀架与中滑板之间,与中滑板以转盘相连,可在水平面一定角度内任意转动一个角度,调好方向后带动刀架实现斜向手动进给,用于加工锥体。中滑板处于小滑板与床鞍之间,可沿床鞍上面的导轨做横向自动或手动进给,当把丝杠螺母机构脱开后,用靠模法可自动加工锥体。床鞍处于中滑板与床身之间,可沿床身上床鞍导轨纵向移动,以实现纵向自动或手动进给。

6. 尾座

尾座通常安装在床身右上部,并可沿床身上的尾座导轨调整其位置,通过顶尖支承不同长度的工件。尾座可在其底板上做少量横向移动,通过调整位置,可以在用前、后顶尖支承的工件上车锥体。尾座孔内也可以安装钻头、丝锥、铰刀等刀具,进行内孔加工。

7. 挂轮变速机构

挂轮变速机构装在主轴箱与进给箱的左侧,其内部的挂轮连接主轴箱和进给箱,当车削英制螺纹、径节螺纹、精密螺纹、非标准螺纹时须调换挂轮。

8. 丝杠与光杠

丝杠与光杠的左端装在进给箱上,右端装在床身右前侧的挂角上,中间穿过溜板箱。通常丝杠主要用于车螺纹。

(四)车床安全使用注意事项

文明生产是工厂管理中一项十分重要的内容,它直接影响产品质量的好坏，影响设备和工、夹、量具的使用寿命，影响操作工人技能的发挥。因此，各项要求如下。

1. 操作者在操作时必须做到的事项

①开车前，应检查车床各部分机构是否完好，各传动手柄、变速手柄位置是否正确，以防开车时因突然撞击而损坏机床。启动后，应使主轴低速空转 1～2min，使润滑油散布到各需要之处（冬天更为重要），等车床运转正常后才能工作。

②工作中主轴需要变速时，必须先停车再变速。变换进给箱手柄位置要在低速时进行。使用电器开关的车床不准用正、反车做紧急停车，以免打坏齿轮。

③不允许在卡盘及床身导轨上敲击或校直工件，床面上不准放置工具或工件。

④装夹较重的工件时，应该用木板保护床面。

⑤车刀磨损后，要及时磨刃，用磨钝的车刀继续切削会增加车床负荷，甚至损坏机床。

⑥车削铸铁、气割下料的工件，导轨上润滑油要擦去，工件上的型砂杂质应清除干净，以免磨坏床面导轨。

⑦使用切削液时，要在车床导轨上涂上润滑油。冷却泵中的切削液应定期调换。

⑧实习结束时，应清除车床上及车床周围的切屑及切削液，擦净后按规定在加油部位加上润滑油，将床鞍摇至床尾一端，各转动手柄放到空挡位置，关闭电源。

2. 操作者应注意事项

①工作时使用的工、夹、量具以及工件，应尽可能靠近和集中在操作者的周围。放置物件时，右手拿的放在右边，左手拿的放在左边；常用的放得近些，不常用的放得远些。物件放置应有固定的位置，使用后要放回原处。

②工具箱的布置要分类，并保持清洁、整齐。要小心使用的物体应放置稳妥，重的东西放下面，轻的放上面。

③图样、操作卡片应放在便于阅读的位置，并注意保持清洁和完整。

④毛坯、半成品和成品应分开，并按次序整齐排列，以便安放或拿取。

⑤工作位置周围应保持整齐、清洁。

3. 操作时必须遵守事项

①工作时应穿工作服，袖口应扎紧，女同学应戴工作帽，头发或辫子应塞入帽内，操作中不准戴手套。

②工作时注意头部与工件不能靠得太近，高速切削时必须戴防护眼镜。

③车床转动时，不准测量工件，不准用手去触摸工件表面。

④应该用专用的钩子清除切屑，不准用手直接清除。

（五）车床的润滑和维护保养

为了使车床在工作中减少机件磨损，保持车床的精度，延长车床的使用寿命，应注意日常的维护保养。车床的所有摩擦部件必须进行润滑。

1. 车床润滑的几种方式

①浇油润滑，通常用于外露的滑动表面，例如，床身导轨面和滑板导轨面等。

②溅油润滑，通常用于密封的箱体中，例如，车床的主轴箱，它利用齿轮转动把润滑油飞溅到各处进行润滑。

③油绳导油润滑，通常用于车床进给箱的溜板箱的油池中，它利用毛线吸油和渗油的能力，把润滑油慢慢地引到所需的润滑处，如图 2—5 （a）所示。

④弹子油杯注油润滑，通常用于尾座和滑板摇动手柄转动的轴承处。注油时，以油嘴把弹子揿下，滴入润滑油，如图 2—5（b）所示。使用弹子油杯的目的是防尘、防屑。

⑤黄油（油脂）杯润滑，通常用于车床挂轮架的中间轴。使用时，先在黄油杯中装满工业油脂，当拧紧油杯盖时，油脂就挤进轴承套内，比加机油方便。使用油脂润滑的另一特点是：存油期长，不需要每天加油，如图 2—5（c）所示。

⑥油泵输油润滑，通常用于转速高，润滑油需要量大的机构中，例如，车床的主轴箱一般都采用油泵输油润滑。

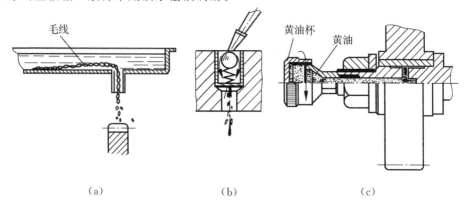

（a）　　　　　　　　（b）　　　　　　　　（c）

（a）油绳导油润滑；（b）弹子油杯注油润滑；（c）黄油杯润滑

图 2—5　润滑的几种方式

2. 车床的润滑系统

图 2－6 所示为 CA6140 型卧式车床的润滑系统图，图中润滑部位用数字标出，除所注②处的润滑部位是用 2 号钙基润滑脂进行润滑外，其余各部位都用机油润滑。换油时，应将废品油放尽，然后用煤油把箱体内冲洗干净，再注入新机油，注油时应用网过滤，且油面不得低于油标中心线。

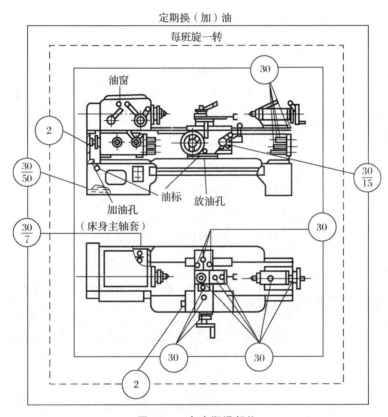

图 2－6　车床润滑部位

3. 车床的日常清洁维护保养要求

①每班工作后应擦净车床导轨面（包括中滑板和小滑板），要求无油污、无铁屑，并浇油润滑，使车床外表清洁。

②每班工作结束后清扫切屑盘及车床周围场地，保持场地清洁。

③每周要求车床三个导轨面及转动部位清洁、润滑，油眼畅通，油标油窗清晰，清洗护床油毛毡，并保持车床外表清洁和场地整齐等。

4. 车床的一级保养

通常车床运行 500h 后，需要进行一级保养。一级保养工作以操作工人为主，在维修人员配合下进行，见表2－1。保养时，必须先切断电源，以确保安全。

表2－1 车床的一级保养

序号	保养内容	保养操作说明
1	外表保养	①清洗车床外表面及各罩盖，保持其清洁，无锈蚀，无油污。
		②清洗丝杠、光杠和操纵杆。
		③检查并补齐各螺钉、手柄等
2	主轴箱保养	①拆下滤油器并进行清洗，使其无杂物并进行复装。
		②检查主轴，其锁紧螺母应无松动现象，紧定螺钉应拧紧。
		③调整离合器摩擦片间隙及制动器
3	交换齿轮箱保养	①清洗齿轮、轴套等，并在黄油杯中注入新油脂。
		②调整齿轮啮合间隙。
		③检查轴套有无晃动现象
4	刀架和滑板保养	①拆下方刀架清洗。
		②拆下中、小滑板丝杠、螺母、镶条进行清洗。
		③拆下床鞍防尘油毛毡进行清洗、加油和复装。
		④中滑板丝杠、螺母、镶条、导轨加油后复装，调整镶条间隙和丝杠螺母间隙。
		⑤小滑板丝杠、螺母、镶条、导轨加油后复装，调整镶条间隙和丝杠螺母间隙。
		⑥擦净方刀架底面、涂油、复装、压紧
5	尾座保养	①拆下尾座套筒和压紧块，进行清洗、涂油。
		②拆下尾座丝杠、螺母进行清洗、加油。
		③清洗尾座并加油。
		④复装尾座部分并加油
6	润滑系统保养	①清洗冷却泵、滤油器和盛液盘。
		②检查并保证油路畅通无阻，油孔、油绳、油毡应清洁无切屑。
		③检查油质应保持良好，油杯齐全，油窗明亮

续表

序号	保养内容	保养操作说明
7	电器保养	①清扫电器箱、电动机。
		②电器装置固定整齐
8	清理车床附件	中心架、跟刀架、配换齿轮、卡盘等擦洗干净，摆放整齐

（六）其他车床

1. 立式车床

立式车床用于加工径向尺寸大而轴向尺寸相对较小且形状比较复杂的大型和重型零件。图2—7所示为立式车床，其中图2—7（a）所示为单柱式，图2—7（b）所示为双柱式，前者用于加工直径小于1.6m的零件，后者可用于加工直径大于2m的零件。

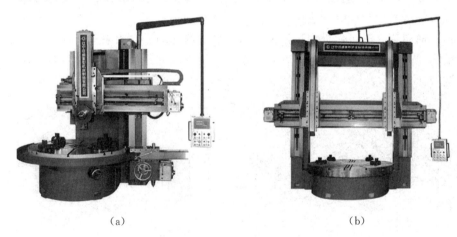

（a）　　　　　　　　　　　　　　　（b）

（a）单柱式；（b）双柱式

图2—7　立式车床

立式车床在结构布局上的主要特点是主轴垂直布置，工作台面水平布置，以使工件的装夹和找正都比较方便，而且工件及工作台的质量能均匀地作用在工作台导轨或推力轴承上，机床易于长期保持工作精度。

立式车床的工作台装在底座上，工件装夹在工作台上并由工作台带动做旋转主运动。进给运动由垂直刀架和侧刀架来实现。侧刀架可在立柱的导轨上移动做垂直进给，还可沿刀架滑座的导轨做横向进给。垂直刀架可沿其刀架滑座的导轨做垂直进给，而且中小型立式车床的一个垂直刀架上通常带有转塔刀架。横梁沿立柱导轨上下移动，以适应加工不同高度工件的需要。

2. 六角车床

成批生产时，为了提高劳动生产率而在车床上安装更多的刀具，对形状较为复杂的零件进行顺次切削。因此，在普通车床的基础上发展了六角车床。它的主要特点是用六角转塔刀架代替了普通车床的尾架。加工前，可事先按工艺要求将被加工零件所需要的刀具全部安装在转塔刀架和横刀架相应的位置上，并且按工件的尺寸要求调整好刀具间的相对位置，用行程挡块控制行程的大小。这样，在完成一个零件的加工循环中不再像普通车床上那样反复地更换刀具或反复试切、测量而节省了辅助时间。所以六角车床的生产率比普通车床高得多。

六角车床按其六角刀架形式的不同，可分为转塔式六角车床和回轮式六角车床。图2-8所示为转塔式六角车床的外形图。它具有转塔刀架和前刀架。转塔刀架可绕垂直轴线转动，以便更换刀具并能精确可靠地定位。同时转塔刀架又可沿床身导轨做纵向进给，以进行外圆车削、钻孔、扩孔、铰孔、镗孔等工作。前刀架3既可做横向进给又可做纵向进给运动。它用来车削较大的外圆和端面、切槽、切断等工作。在六角车床上没有丝杠，加工螺纹时一般采用丝攻或板牙。

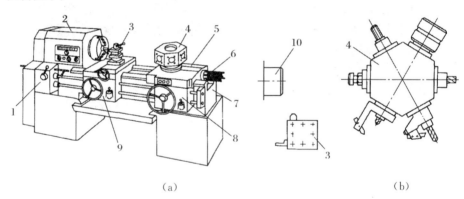

(a)   (b)

1—进给箱；2—主轴箱；3—前刀架；4—转塔刀架；5—纵向溜板；
6—定程装置；7—床身；8—转塔刀架溜板箱；9—前刀架溜板箱；10—主轴
（a）总图；（b）单个部件图

图2-8 转塔式六角车床

图2-9所示为回轮式六角车床的外形图。回轮式六角车床与转塔式六角车床的主要不同点是以绕水平轴线旋转的回轮刀架4代替了转塔刀架。在回轮刀架的端面上，有许多安装刀具的孔，可以根据需要安装不同的几组刀具。回轮式六角车床更适于加工棒料且直径较小的工件。

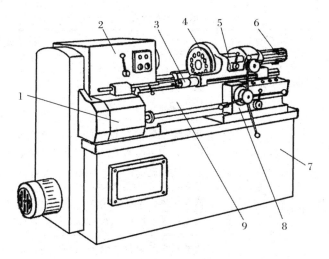

1－进给箱；2－主轴箱；3－刚性纵向定程机构；

4－回轮刀架；5－纵向刀具溜板箱；6－纵向定程机构；

7－底座；8－高板箱；9－床身

图2-9 回轮式六角车床

3. 半自动车床

半自动车床主要有单轴、多轴、卧式和立式形式，主要用于盘类、环类和轴类工件的加工，其生产效率比普通车床高3～5倍，主要适用于复杂小零件的成批加工。

4. 自动车床

自动车床是通过凸轮来控制加工程序的自动加工机床。这种机床具有高性能、高精度、低噪声等特点，其基本核心是经过一定设置与调教后，可以长时间重复加工一批同样的工件，适用于大批量生产。

二、数控车床

（一）数控车床的分类

数控车床的外形与普通车床相似，即由床身、主轴箱、刀架、进给系统、液压系统、冷却和润滑系统等部分组成。数控车床的进给系统与普通车床有质的区别，传统普通车床有进给箱和交换齿轮架，而数控车床是直接用伺服电动机通过滚珠丝杠驱动溜板和刀架实现进给运动，因而进给系统的结构大为简化，数控车床品种繁多、规格不一，其分类方法见表2-2。

表 2—2 数控车床分类

分类方法	类型	相关说明
按车床主轴位置分类	卧式数控车床	分为数控水平导轨卧式车床和数控倾斜导轨卧式车床。其倾斜导轨结构可以使车床具有更大的刚性并易于排除切屑
	立式数控车床	其车床主轴垂直于水平面，一个直径很大的圆形工作台，用来装夹工件。这类机床主要用于加工径向尺寸大、轴向尺寸相对较小的大型复杂零件
按刀架数量分类	单刀架数控车床	数控车床一般都配置有各种形式的单刀架，例如，四工位卧动转位刀架或多工位转塔式自动转位刀架
	双刀架数控车床	这类车床的双刀架配置平行分布，也可以是相互垂直分布
按功能分类	经济型数控车床	采用步进电动机和单片机对普通车床的进给系统进行改造后形成的简易型数控车床，成本较低，但自动化程度和功能都比较差，车削加工精度也不高，适用于要求不高的回转类零件的车削加工
	普通数控车床	根据车削加工要求在结构上进行专门设计并配备通用数控系统而形成的数控车床，数控系统功能强，自动化程度和加工精度也比较高，适用于一般回转类零件的车削加工。这种数控车床可同时控制两个坐标轴，即 X 轴和 Z 轴
	车削加工中心	在普通数控车床的基础上，增加了 C 轴和动力头，更高级的数控车床带有刀库，可控制 X、Z 和 C 三个坐标轴，联动控制轴可以是（X、Z）、（X、C）或（Z、C）。由于增加了 C 轴和铣削动力头，这种数控车床的加工功能大大增强，除可以进行一般车削外，还可以进行径向和轴向铣削、曲面铣削、中心线不在零件回转中心的孔和径向孔的钻削等加工

（二）数控车床的组成结构

数控车床一般均由车床主体、数控装置和伺服系统三大部分组成。图2—10所示为数控车床的基本组成方框图。

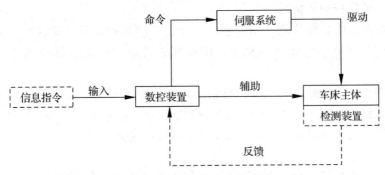

图 2—10 数控车床的基本组成方框图

除了基本保持普通车床传统布局形式的部分经济型数控车床外，目前大部分数控车床均已通过专门设计并定型生产。

1. 主轴与主轴箱

（1）主轴

数控车床主轴的回转精度，直接影响到零件的加工精度；其功率大小、回转速度影响到加工的效率；其同步运行、自动变速及定向准停等要求，影响到车床的自动化程度。

（2）主轴箱

具有有级自动调速功能的数控车床，其主轴箱内的传动机构已经大大简化；具有无级自动调速（包括定向准停）的数控车床，起机械传动变速和变向作用的机构已经不复存在了，其主轴箱也成了"轴承座"及"润滑箱"的代名词；对于改造式（具有手动操作和自动控制加工双重功能）数控车床，则基本上保留其原有的主轴箱。

2. 导轨

数控车床的导轨是保证进给运动准确性的重要部件。它在很大程度上会影响车床的刚度、精度及低速进给时的平稳性，是影响零件加工质量的重要因素之一。除部分数控车床仍沿用传统的滑动导轨（金属型）外，定型生产的数控车床已较多地采用贴塑导轨。这种新型滑动导轨的摩擦系数小，其耐磨性、耐腐蚀性及吸震性好，润滑条件也比较优越。

3. 机械传动机构

除了部分主轴箱内的齿轮传动等机构外，数控车床已在原普通车床传动链的基础上做了大幅度的简化，例如，取消了挂轮箱、进给箱、溜板箱及其绝大部分传动机构，而仅保留了纵、横进给的螺旋传动机构，并在驱动电动机至丝杠间增设了（少数车床未增设）可消除其侧隙的齿轮副。

（1）螺旋传动机构

数控车床中的螺旋副，是将驱动电动机所输出的旋转运动转换成刀架在纵、横方向上直线运动的运动副。构成螺旋传动机构的部件一般为滚珠丝杠副。

滚珠丝杠副的摩擦阻力小，可消除轴向间隙及预紧，故传动效率及精度高、运动稳定、动作灵敏。但其结构较复杂，制造技术要求较高，所以成本也较高。另外，它自行调整其间隙大小时，难度亦较大。

（2）齿轮副

在较多数控车床的驱动机构中，其驱动电动机与进给丝杠间设置有一个简单的齿轮箱（架）。齿轮副的主要作用是保证车床进给运动的脉冲当量符合要求，避免丝杠可能产生的轴向窜动对驱动电动机的不利影响。

4. 自动转动刀架

除了车削中心采用随机换刀（带刀库）的自动换刀装置外，数控车床一般带有固定刀位的自动转位刀架，有的车床还带有各种形式的双刀架。

5. 检测反馈装置

检测反馈装置是数控车床的重要组成部分，对加工精度、生产效率和自动化程度有很大影响。检测装置包括位移检测装置和工件尺寸检测装置两大类，其中工件尺寸检测装置又分为机内尺寸检测装置和机外尺寸检测装置两种。工件尺寸检测装置仅在少量的高档数控车床上配用。

6. 对刀装置

除了极少数专用性质的数控车床外，普通数控车床几乎都采用了各种形式的自动转位刀架，以进行多刀车削。这样，每把刀的刀位点在刀架上安装的位置，或相对于车床固定原点的位置，都需要对刀、调整和测量，并予以确认，以保证零件的加工质量。

7. 数控装置

数控装置的核心是计算机及其软件，它在数控车床中起"指挥"作用：数控装置接收由加工程序送来的各种信息，并经处理和调配后，向驱动机构发出执行命令；在执行过程中，其驱动、检测等机构同时将有关信息反馈给数控装置，以便经处理后发出新的执行命令。

8. 伺服系统

伺服系统准确地执行数控装置发出的命令，通过驱动电路和执行元件（如步进电动机等），完成数控装置所要求的各种位移。

（三）数控车床的主要技术参数的含义

数控车床的主要技术参数包括：最大回转直径、最大车削长度、各坐标轴行程、主轴转速范围、切削进给速度范围、定位精度、刀架定位精度等，见表2—3。

表2—3 数控车床的主要技术参数

类别	主要内容	作用
尺寸参数	X、Z轴最大行程	影响加工工件的尺寸范围（质量）、编程范围及刀具、工件、机床之间干涉
	卡盘尺寸	
	最大回转直径	
	最大车削直径	
	尾座套筒移动距离	
	最大车削长度	
接口参数	刀位数，刀具装夹尺寸	影响工件及刀具安装
	主轴头型式	
	主轴孔及尾座孔锥度、直径	
运动参数	主轴转速范围	影响加工性能及编程参数
	刀架快进速度、切削进给速度范围	
动力参数	主轴电动机功率	影响切削负荷
	伺服电动机额定转矩	
精度参数	定位精度、重复定位精度	影响加工精度及其一致性
	刀架定位精度、重复定位精度	
其他参数	外形尺寸（长X宽X高）、质量	影响使用环境

数控车床与普通车床的加工对象结构及工艺有着很大的相似之处，但由于数控系统的存在，也有着很大的区别。与普通车床相比，数控车床具有以下特点：

①由于数控车床刀架的两个方向运动分别由两台伺服电动机驱动，所以它的传动链短。不必使用挂轮、光杠等传动部件，用伺服电动机直接与丝杠连接带动刀架运动。伺服电动机丝杠间也可以用同步皮带副或齿轮副连接。

②多功能数控车床是采用直流或交流主轴控制单元来驱动主轴，按控制指令做无级变速，主轴之间不必用多级齿轮副来进行变速。为扩大变速范围，现在一般还要通过一级齿轮副，以实现分段无级调速，即使这样，床头箱内的结构也比传统车床简单得多。数控车床的另一个结构特点是刚度大，这是为了与控制系统的高精度控制相匹配，以便适应高精度的加工。

③数控车床的第三个结构特点是轻拖动。刀架移动一般采用滚珠丝杠副。滚珠丝杠副是数控车床的关键机械部件之一，滚珠丝杠两端安装的滚动轴承是

专用轴承，它的压力角比常用的向心推力球轴承要大得多。这种专用轴承通常配对安装，是选配的，最好在轴承出厂时就是成对的。

④为了拖动轻便，数控车床的润滑都比较充分，大部分采用油雾自动润滑。

⑤由于数控机床的价格较高、控制系统的寿命较长，所以数控车床的滑动导轨也要求耐磨性好。数控车床一般采用镶钢导轨，这样机床精度保持的时间就比较长，其使用寿命也可延长许多。

⑥数控车床还具有加工冷却充分、防护较严密等特点，自动运转时一般都处于全封闭或半封闭状态。

⑦数控车床一般还配有自动排屑装置。

第三节　铣床与数控铣床

一、铣床

铣床是一种用途广泛的机床。在铣床上可以加工平面（水平面、垂直面等）、沟槽（键槽、丁形槽、燕尾槽等）、分齿零件（齿轮、链轮、棘轮、花键轴等）、螺旋形表面（螺纹、螺旋槽）及各种曲面。此外，还可用于对回转体表面及内孔进行加工，以及进行切断工作等，如图 2－11 所示。

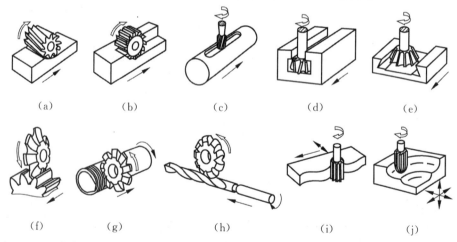

(a)　　　　(b)　　　　(c)　　　　(d)　　　　(e)

(f)　　　　(g)　　　　(h)　　　　(i)　　　　(j)

(a) 铣水平面；(b) 铣垂直面；(c) 铣键槽；(d) 铣 T 形槽；(e) 铣燕尾槽；
(f) 铣齿轮；(g) 铣螺纹；(h) 铣螺旋槽；(i)，(j) 铣曲面

图 2－11　铣床加工的典型表面

铣床工作时的主运动是铣刀的旋转运动。在大多数铣床上，进给运动是由工件在垂直于铣刀轴线方向的直线运动来实现的。在少数铣床上，进给运动是工件的回转运动或曲线运动。为了适应加工不同形状和尺寸的工件，铣床保证工件与铣刀之间可在相互垂直的三个方向上调整位置，并根据加工要求，在其中任一方向实现进给运动。在铣床上，工作进给和调整刀具与工件相对位置的运动，根据机床类型不同，可由工件或分别由刀具及工件来实现。

由于铣床使用旋转的多刃刀具加工工件，同时有数个刀齿参加切削，因此生产率较高，且能改善加工表面的结构。但是，由于铣刀每个刀齿的切削过程是断续的，同时每个刀齿的切削厚度又是变化的，这就使切削力相应地发生变化，容易引起机床振动。因此，铣床在结构上要求有较高的刚度和抗振性。

（一）铣床的种类及用途

铣床的种类很多，根据构造特点及用途分，主要类型有：升降台式铣床、工作台不升降式铣床、龙门铣床、仿形铣床、万能工具铣床等。此外，还有仪表铣床、专门化铣床（包括键槽铣床、曲轴铣床、凸轮铣床）等。

1. 升降台式铣床

这种铣床的工作台安装在垂直升降台上，使工作台可在相互垂直的三个方向上调整位置或完成进给运动，升降台结构刚性较差，工作台上不能安装过重的工件，故该类铣床只适宜于加工中小型工件。这是应用较广的一类铣床。

（1）卧式升降台铣床

它具有水平安装铣刀杆的主轴，可用圆柱铣刀、盘形铣刀、成形铣刀和组合铣刀等加工平面及具有直导线的曲面和各种沟槽。

（2）万能升降台铣床

万能升降台铣床的主要部件名称和用途如下：

底座：固定与支承其他部件的基础。

床身：固定在底座上，用以安装和支承其他部件。顶部与前面分别有水平和垂直的燕尾导轨，与横梁和升降台相配合，床身内装有主轴部件、主变速传动装置及其变速操纵机构。床身是保证机床具有足够刚性和加工精度的重要零件。

横梁：安装在床身顶部，并可沿燕尾导轨调整前后位置。

刀杆支架：安装在横梁上用以支承刀杆，以提高其刚性。

主轴：用来安装与紧固刀杆并带动铣刀旋转。主轴由安装在床身孔中的滚动轴承支承，具有较高的旋转精度，是保证加工精度的重要部件。

纵向工作台：安装在回转盘的燕尾导轨上，沿纵向导轨完成纵向进给。

横向工作台：安装在升降台水平导轨上，沿横向水平导轨完成横向进给。

升降台：安装在床身两侧面垂直导轨上，可带动工作台做垂直升降，以调整铣刀与工作台之间的距离。进给变速箱及操纵机构安装在升降台的侧面，操纵变速手柄，可使工作台获得不同的进给速度。

回转盘：安装在横向工作台上，使安装在回转盘燕尾导轨上的工作台 6，绕垂直轴线在±45°范围内调整角度，以便铣削螺旋表面。

此外，还有电气控制和冷却润滑系统等。

（3）立式升降台铣床

立式升降台铣床与万能升降台铣床的区别主要是主轴立式布置，与工作台面垂直。主轴安装在立铣头内，可沿其轴线方向进给或经手动调整位置。立铣头可根据加工要求在垂直平面内向左或向右的 45°范围内回转，使主轴与台面倾斜成所需角度，以扩大铣床的工艺范围。立式铣床的其他部分，如工作台、床鞍及升降台的结构与卧式升降台铣床相同，在立式铣床上可安装端铣刀或立铣刀加工平面沟槽、斜面、台阶和凸轮等表面。

2. 工作台不升降式铣床

这类铣床的工作台不做升降运动，机床的垂直进给运动是由主轴箱的升降来实现的。其尺寸规格介于升降台铣床与龙门铣床之间，适用于加工中等尺寸的零件。

工作台不升降式铣床根据工作台面的形状分为两类：一类为矩形工作台式；另一类为圆工作台式，这类铣床分为单铣头式及双铣头式两种。双铣头式圆工作台铣床可在工作台上装卡多个工件，工件在一次装夹中连续进给，由两把铣刀分别完成粗精加工，且工件的装卸时间和机动时间重合，生产效率较高，适用于汽车、拖拉机、纺织机械等行业的零件加工。

3. 龙门铣床

龙门铣床是一种大型高效能通用机床，主要用于加工各类大型工件上的平面、沟槽，借助于附件并可完成斜面、孔等加工。龙门铣床不仅可以进行粗加工及半精加工，亦可进行精加工。加工时，工件固定在工作台上做直线进给运动。横梁上的两个垂直铣头可在横梁上沿水平方向调整位置。横梁本身可沿立柱导轨调整在垂直方向上的位置。立柱上的两个水平铣头则可沿垂直方向调整位置。各铣刀的切深运动，均由铣头主轴套筒带动铣刀主轴沿轴向移动来实现。龙门铣床可以用几个铣头同时加工工件的几个平面，从而提高机床的生产效率。

大型、重型及超重型龙门铣床用于单件小批生产中加工大型及重型零件，机床仅有 1～2 个铣头，但配备有多种铣削及镗孔附件，以满足各种加工需要。这种机床是发展轧钢、造船、发电站、航空等工业的关键设备，因此其生产量及拥有量是衡量一个国家工业发展水平的重要标志之一。

4. 仿形铣床

仿形铣床是以一定方式控制铣刀按照模型或样板形状做进给运动，铣出工件的成形面。在模具制造中常用的小型立体仿形铣床的构造与立式铣床相似，一般在立铣头的一侧设有一个仿形头，仿形触头端部与指形立铣刀头部形状相同，并与工件装在同一工作台上的模型接触，利用电气或液压等方式控制铣刀按照模型的形状进给做仿形铣削。大的立体型仿形铣床的仿形触头铣刀一般水平布置。

5. 万能工具铣床

万能工具铣床的基本布局与万能升降台铣床相似，但配备有多种附件，因而扩大了机床的万能性。万能工具铣床机床安装着主轴座、固定工作台，此时机床的横向进给运动与垂直进给运动仍分别由工作台及升降台来实现。根据加工需要，机床可安装其他附件，万能铣床具有较强的万能性，故常用于工具车间中加工形状较复杂的各种切削刀具、夹具及模具零件等。

另外，还有小型的平面和立体的刻模铣床，它是利用与缩放绘图仪原理相同的平行四边形铰链四杆机构，用手动方式操纵仿形头，使铣刀按样板形状加工已缩小工件的仿形加工。

（二）铣床的安全操作规程

铣床的种类很多，但是其安全操作规程基本如下：

①工作服要合身，无拖出的带子和衣角，袖口要扎好，不准戴手套。女工要戴工作帽。

②工作前要检查机床各系统是否安全好用，各手轮摇把的位置是否正确，快速进刀有无障碍，各限位开关是否能起到安全保护的作用。

③每次开车及开动各移动部位时，要注意刀具及各手柄是否在需要位置上。扳快速移动手柄时，要先轻轻开动一下，看移动部位和方向是否相符。严禁突然开动快速移动手柄。

④安装刀杆、支架、垫圈、分度头、虎钳、刀孔等，接触面均应擦干净。

⑤机床开动前，检查刀具是否装牢，工件是否牢固，压板必须平稳，支承压板的垫铁不宜过高或块数过多，刀杆垫圈不能做其他垫用，使用前要检查平行度。

⑥在机床上进行上下工件、刀具、紧固、调整、变速及测量工件等工作时必须停车，更换刀杆、刀盘、立铣头、铣刀时，均应停车。拉杆螺丝松脱后，注意避免砸手或损伤机床。

⑦机床开动时，不准量尺寸、对样板或用手摸加工面。加工时不准将头贴

近加工表面观察吃刀情况。取卸工件时，必须移动刀具后进行。拆装立铣刀时，台面需垫木板，禁止用手去托刀盘。

⑧装平铣刀，使用扳手扳螺母时，要注意扳手开口选用适当，用力不可过猛，以防止滑倒。

⑨对刀时必须慢速进刀，刀接近工件时，需要手摇进刀，不准快速进刀，正在走刀时，不准停车。铣深槽时要停车退刀。快速进刀时，注意避免手柄伤人。万能铣垂直进刀时，工件装卡要与工作台有一定的距离。

⑩吃刀不能过猛，自动走刀必须拉脱工作台上的手轮，不准突然改变进刀速度，有限位撞块时应预先调整好。

⑪在进行顺铣时一定要清除丝杠与螺母之间的间隙，防止打坏铣刀。

⑫开快速时，必须使手轮与转轴脱开，防止手轮转动伤人，高速铣削时，要防止铁屑伤人，且不准紧急制动，防止将轴切断。

⑬铣床的纵向、横向、垂直移动，应与操作手柄指的方向一致，否则不能工作。铣床工作时，纵向、横向、垂直的自动走刀只能选择一个方向，不能随意拆下各方向的安全挡板。

⑭工作结束时，关闭各开关，把机床各手柄扳回空位，擦拭机床，注润滑油，维护机床清洁。

二、数控铣床

（一）数控铣床简介

数控铣床是用计算机数字化信号控制的铣床。它可以加工由直线和圆弧两种几何要素构成平面轮廓，也可以直接用逼近法加工非圆曲线构成的平面轮廓（采用多轴联动控制），还可以加工立体曲面和空间曲线。

用户加工零件时，按照待加工零件的尺寸及工艺要求，编成零件加工程序，通过控制器面板上的操作键盘输入计算机，计算机经过处理发出伺服需要的脉冲信号，该信号经驱动单元放大后驱动电机，实现铣床的 X、Y、Z 三坐标联动功能（也可加装第四轴）完成各种复杂形状的加工。

本类机床的主轴电机为交流变频电动机，主轴采用交流变频调速来实现无级变速。变频器采用施耐德公司 ATV－28 型变频器。施耐德变频器具有灵活的压频特性曲线设计，加减速控制功能以及电机失速、过扭矩等多种保护功能，可靠性强。

本类机床适用于多品种小批量生产和新产品试制等零件，对各种复杂曲线的上凸轮、样板、弧形槽等零件的加工效能尤为显著。由于本机床是三坐标数控铣床，驱动部件输出力矩大，高、低性能均好，且系统具备手动回机械零点功能，机床的定位精度和重复定位精度较高，同时本机床所配系统具备刀具半径补偿和长度功能，降低了编程复杂性，提高了加工效率。本系统还具备零点偏置功能，相当于可建立多工件坐标系，实现多工件的同时加工。空行程可采用快速，以减少辅助时间，进一步提高劳动生产率。机床配备数控分度头后，可实现第四轴加工。

系统主要操作均在键盘和按钮上进行，显示屏可实时提供各种系统信息：编程、操作、参数和图像。每一种功能下具备多种子功能，可以进行后台编辑。

（二）数控铣床的组成结构

1. 铣床主机

它是数控铣床的机械本体，包括：床身、主轴箱、工作台和进给机构等。

2. 控制部分

它是数控铣床的控制中心，如：华中系统、BEIJING－FANUC0i－MC系统等。

3. 驱动部分

它是数控铣床执行机构的驱动部件，包括：主轴电动机和进给伺服电动机等。

4. 辅助部分

它是数控铣床的一些配套部件，包括：刀库、液压装置、气动装置、冷却系统、润滑系统和排屑装置等。

以华中系统 XK713 数控立式铣床结构为例，该机床分为八个主要部分，即：床身部件、工作台床鞍部件、立柱部件、铣头部件、润滑系统、冷却系统、气动系统、电气系统组成。

①床身部件。床身采用封闭式框架结构。床身通过调节螺栓和垫铁与地面相连，调整工作台可使机床工作台处于水平。

②工作台床鞍部件。工作台位于床鞍上，用于安装工装、夹具和工件，并与床鞍一起分别执行 X、Y 向的进给运动。工作台、床鞍导轨结构相似。三向导轨均采用淬硬面、贴塑面导轨副、内侧定位，以保证机床精度的持久性。

③立柱部件。立柱安装于床身后部。立柱上设有 Z 向矩形导轨用于连接铣头部件，并使其沿导轨做 Z 向进给运动。

④铣头部件。铣头部件由铣头本体、主传动系统及主轴组成。铣头本体是铣头部件的骨架，用于支承主轴组件及各传动件。

⑤冷却系统。机床的冷却系统是由冷却泵、出水管、回水管、开关及喷嘴等组成，冷却泵安装在机床底座的内腔里，冷却泵将冷却液从底座内储液池打

至出水管，然后经喷嘴喷出对切削区进行冷却。

⑥润滑系统。机床的润滑系统由手动润滑油泵、分油器、节流阀和油管等组成。

机床润滑方式：周期润滑方式。机床采用自动润滑油泵，通过分油器对主轴套筒、纵横向导轨及三向滚珠丝杆进行润滑，以提高机床的使用寿命并防止出现低速进给时的爬行现象。

润滑剂：根据机床的性能推荐采用以下几种润滑剂见表2—4。

表2—4　　　　　　　根据机床的性能推荐使用润滑剂

润滑部位	润滑油或润滑脂品种	运动黏度
手拉式润滑泵	精密机床导轨油40#	37～43
床身立导轨	精密机床导轨油40#	37～43
有级变速箱	精密机床导轨油40#	37～43
其他润滑部位	精密机床主轴轴承润滑脂	265～295

⑦气动系统。本机床的气动动作均由手动控制。气源压缩空气经气动三联体过滤、减压进入管路。用于控制主轴刀具装卸，气动系统工作压力 $P = 6kgf/cm^2$。

⑧电气系统。电气箱位于机床后侧，装有CRT的操作箱通过悬臂与电气箱连接，并可任意转动。

（三）数控铣床附件

1. 卸刀座

卸刀座是完成铣刀装卸的装置。

2. 刀柄

数控铣床使用的刀具通过刀柄与主轴相连，刀柄通过拉钉紧固在主轴上，由刀柄夹持铣刀传递转速、扭矩。刀柄与主轴的配合锥面一般采用7：24的锥度。在我国应用最为广泛的是BT40和BT50系列刀柄和拉钉。下面列举几种常用的刀柄。

①弹簧夹头刀柄及卡簧，用于装夹各种直柄立铣刀、键槽铣刀、直柄麻花钻及中心钻等直柄刀具。

②莫氏锥度刀柄。莫氏锥度刀柄有2号、3号、4号等，可装夹相应的莫氏钻头、立铣刀、加速装置和攻螺纹夹头等。

③铣刀杆，可装夹套式端面铣刀、三面刃铣刀、角度铣刀、圆弧铣刀及锯片铣刀等。

④镗刀杆，可装夹镗孔刀。

⑤套筒,用于其他测量工具的套接。

3. Z轴设定器

主要用于确定工件坐标系原点在机床坐标系中的Z轴坐标,通过光电指示或指针指示判断刀具与对刀器是否接触,对刀精度应达到0.005mm。Z轴设定器高度一般为50mm或100mm。

4. 寻边器

主要用于确定工件坐标系原点在机床坐标系中的X、Y值,也可以测量工件的简单尺寸,有偏心式和光电式等类型。

5. 数控回转工作台

可以使数控铣床增加一个或两个回转坐标,通过数控系统实现4、5轴联动,可有效扩大加工工艺范围,加工更为复杂的零件。

6. 机用虎钳与铣床用卡盘

形状比较规则的零件铣削时常用机用虎钳装夹;精度较高,需较大的夹紧力时,可采用较高精度的机械式或液压式虎钳。虎钳在数控铣床上安装时,要根据加工精度要求,控制钳口与X轴或Y轴的平行度,零件夹紧时要注意控制工件变形和一端钳口上翘。

(四)数控铣床的一般操作规程

①开机前要检查润滑油是否充裕、冷却是否充足,发现不足应及时补充。

②打开数控铣床电器柜上的电器总开关。

③按下数控铣床控制面板上的"ON"按钮,启动数控系统,等自检完毕后进行数控铣床的强电复位。

④手动返回数控铣床参考点,首先返回+Z方向,然后返回+X和+Y方向。

⑤手动操作时,在X、Y移动前,必须使Z轴处于较高位置,以免撞刀。

⑥数控铣床出现报警时,要根据报警号,查找原因,及时排除警报。

⑦更换刀具时应注意操作安全。在装入刀具时应将刀柄和刀具擦拭干净。

⑧在自动运行程序前,必须认真检查程序,确保程序的正确性。在操作过程中必须集中注意力,谨慎操作。在运行过程中,一旦发生问题,应及时按下复位按钮或紧急停止按钮。

⑨加工完毕后,应把刀架停放在远离工件的换刀位置。

⑩一人在操作时,其他人禁止按控制面板的任何按钮、旋钮,以免发生意外及事故。

⑪严禁任意修改、删除机床参数。

⑫关机前,应使刀具处于较高位置,把工作台上的切屑清理干净,并把机

床擦拭干净。

⑬关机时，先关闭系统电源，再关闭电器总开关。

第四节　磨床与数控磨床

一、磨床

磨削加工是一种常用的金属切削加工方法。磨削的加工范围很广，有曲轴磨削、外圆磨削、螺纹磨削、成形磨削、花键磨削、齿轮磨削、圆锥磨削、内圆磨削、无心外圆磨削、刀具刃磨、导轨磨削和平面磨削等，如图 2－12 所示，其中最基本的磨削方式是外圆磨削、内圆磨削和平面磨削 3 种。

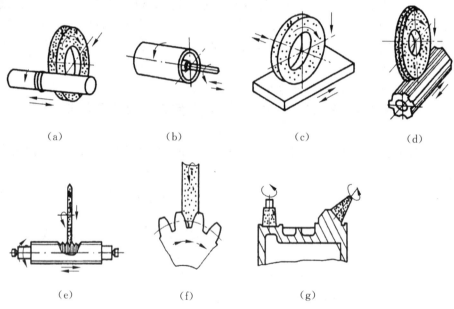

（a）　　　　　（b）　　　　　（c）　　　　　（d）

（e）　　　　　（f）　　　　　（g）

（a）外圆磨削；（b）内圆磨削；（c）平面磨削；（d）花键轴磨削；

（e）螺纹磨削；（f）齿轮磨削；（g）导轨磨削

图 2－12　磨削的几种加工方式

在磨削时具有极高的圆周线速度，一般达 35m/s 左右，高速磨削达 45～85m/s；有强烈的摩擦，磨削区温度高达 400～1000℃；磨削加工后的工件精度可达 IT6～IT7 级，表面结构达 $Ra\ 0.05～Ra0.8\mu m$，高精度磨削圆度公差为 0.001mm，表面粗糙度达 $Ra\ 0.005\mu m$；磨削切除金属的效率较低；可以磨削铜、铝、铸铁、淬硬件、高速钢刀具、钛合金、硬质合金和玻璃等；砂轮还具有自锐作用。

为了适应磨削加工表面、结构形状和尺寸大小不同的各种工件的需要，以及满足不同生产批量的要求，磨床的种类很多。它根据用途和采用的工艺方法不同，大致可分为以下几类。

①为适应磨削不同的零件表面而发展的通用磨床有：普通外圆磨床、万能外圆磨床、无心外圆磨床、普通内圆磨床、行星内圆磨床以及各种平面磨床、齿轮磨床和螺纹磨床等。

②为适应提高生产率要求而发展的高效磨床有：高速磨床、高速深切快进给磨床、低速深切缓进给磨床、宽砂轮磨床、多砂轮磨床以及各种砂带磨床。

③为适应磨削特殊零件而发展的专门化磨床有：曲轴磨床、凸轮轴磨床、轧辊磨床、花键磨床、导轨磨床以及各种轴承滚道磨床等。

此外，还有各种超精加工磨床和工具磨床等。

(一) M1432A 型万能外圆磨床

万能外圆磨床的工艺范围较宽，可以磨削内外圆柱面、内外圆锥面、端面等，但其生产效率较低，适用于单件小批量生产。

1. M1432A 磨床的组成

M1432A 型万能外圆磨床的主要组成部件如下：

(1) 床身

床身是磨床的基础部件，用于支承砂轮架、工作台、头架、尾架等部件，并保持它们准确的相对位置和运动精度。床身内部是液压装置和纵、横进给机构等。

(2) 头架

头架由壳体、主轴部件、传动装置等组成，用于安装和夹持工件，并带动工件转动。调节变速机构，可改变工件的旋转速度。

(3) 工作台

工作台分上下两层。上工作台可绕下工作台的心轴在水平面内偏转±10°的角度，以便磨削锥面。下工作台由机械或液压传动，带动头架和尾座随其沿床身做纵向进给运动，行程则由撞块控制。

(4) 内圆磨具

内圆磨具用于磨削工件的内孔，它的主轴端可安装内圆砂轮，通过单独的电动机驱动实现磨削运动。

(5) 砂轮架

砂轮架用于支承并传动高速旋转的砂轮主轴。砂轮架装在横向导轨上，操纵横向进给手轮可实现砂轮的横向进给运动。当磨削短圆锥面时，砂轮架和头架可分别绕垂直轴线转动±30°和+90°的角度。

（6）尾座

尾座和头架的前顶尖一起，用于支承工件，尾座套筒后端的弹簧可调节顶尖对工件的轴向压力。

（7）脚踏操纵板

用于控制尾架上的液压顶尖，进行快速装卸工件。

2.M1432A 型万能外圆磨床的机械传动系统

M1432A 型万能外圆磨床的运动由机械和液压联合传动，除工作台的纵向往复运动、砂轮架的快速进退和周期自动切入进给及尾座顶尖套筒的伸缩为液压传动外，其余运动都是机械运动。图 2-13 所示为磨床的机械传动系统图。

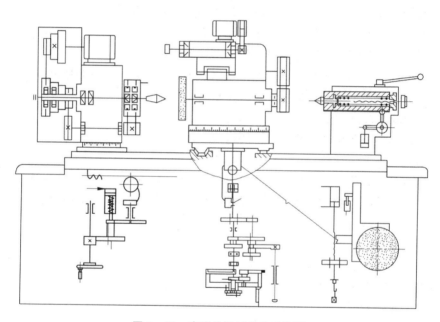

图 2-13　磨床的机械传动系统图

（二）M7120A 平面磨床

1.M7120A 磨床的组成

M7120A 型平面磨床是卧轴矩台平面磨床，由床身、工作台、立柱、磨头及砂轮修整器等部件组成。它既可以用砂轮的圆周面磨削各种工件的平面，又可用砂轮的端面磨削工件的垂直平面。工件按其尺寸大小及结构形状，可用螺钉和压板直接固定在机床工作台上，或放在电磁吸盘上装夹。电磁吸盘采用硅整流器作为直流电源，其吸力可按工件需要进行调整。

该机床的加工精度为：在 500mm 长度上两平面的平行度误差不大于 0.05mm，表面粗糙度可达 $Ra\ 0.2\mu m$。

2.M7120A 磨床的机械传动系统

M7120A 型平面磨床的机械传动系统如图 2－14 所示。该系统用于实现砂轮主轴的旋转、砂轮架的垂直和横向手动进给、工作台的手动纵向移动。

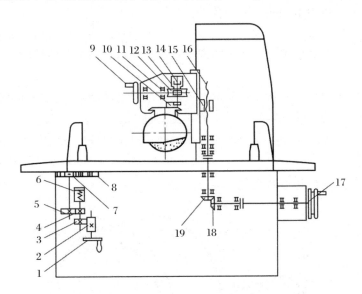

1，9，17—手轮；2，3，4，5—齿轮；6，14—液压缸；

7，11—小齿轮；8，10—齿条；12—蜗轮；13—蜗杆；

15—螺母；16—丝杠；18，19—锥齿轮

图 2－14　M7120A 型平面磨床机械传动系统

砂轮主轴由装入式电动机直接传动旋转。转动手轮，经蜗杆和蜗轮，由小齿轮带动齿条（固定在砂轮架体壳上），使砂轮架做横向周期进给或连续移动。

当横向进给由液压传动时，压力油进入液压缸，使小齿轮与齿条脱开，手摇机构不起作用。液压系统停止工作时，在弹簧力的作用下，通过活塞使小齿轮与齿条重新啮合。

转动手轮，通过一对锥齿轮、联轴器、丝杠以及固定在砂轮架滑板上的螺母，可使砂轮做垂直进给。转动手轮，通过齿轮，由小齿轮带动固定在工作台上的齿条，可使工作台纵向移动。工作台由液压传动时，压力油进入液压缸，通过活塞使齿轮脱离啮台，工作台手摇机构即不起作用。

（三）其他磨床简介

1. 内圆磨床

机床由床身、工作台、头架、砂轮架和滑板座等主要部件组成。砂轮架上的砂轮主轴由电动机经皮带传动。砂轮架沿板座做横向进给，可以手动或机动实现。工作头架安装在工作台上，并随工作台一起沿床身导轨做纵向往复运动。头架主轴也由电动机经皮带传动。

内圆磨床主要用于磨削工件的内孔，也能磨削端面。机床的主参数为最大磨孔直径。内圆磨削可以分普通内圆磨削、无心内圆磨削和砂轮做行星运动的磨床。

无心内圆磨削的工作原理如图 2—15 所示。磨削时，工件支承在滚轮和导轮上，压紧轮使工件靠紧导轮，工件即由导轮带动旋转，实现圆周进给运动。砂轮除了完成主运动外，还做纵向进给运动和周期性横向进给运动。加工结束时，压紧轮沿箭头方向 A 摆开，以便装卸工件。无心内圆磨削适用于大批量加工薄壁类零件，如轴承套圈等。

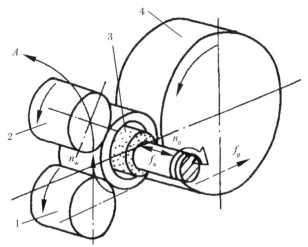

1—滚轮；2—压紧轮；3—工件；4—导轮；

f_a—纵向进给；f_p—横向进给；n_w—周向进给转速；n_0—砂轮转速

图 2—15　无心内圆磨削的工作原理

与外圆磨削相比，内圆磨削所用的砂轮和砂轮轴的直径都较小，为了获得所要求的砂轮线速度，就必须提高砂轮主轴的转速，故容易发生振动，影响工件的表面质量。此外，由于内圆磨削时，砂轮与工件的接触面积大、发热量集中、冷却条件差以及工件热变形大，特别是砂轮主轴刚性差，易弯曲变形，所以内圆磨削不如外圆磨削的加工精度高。在实际生产中，常采用减少横向进给量、增加光磨次数等措施来提高内孔的加工质量。

2. 无心外圆磨床

无心外圆磨床由床身、砂轮架、砂轮修整器、导轮修整器、导轮架和支架等主要部件组成。无心外圆磨床是一种生产率很高的精加工方法。无心外圆磨床进行磨削时，工件不是支承在顶尖上或夹持在卡盘中，而直接置于砂轮和导轮之间的托板上，以工件自身外圆为定位基准，其中心略高于砂轮和导轮的中心连线。磨削时，导轮转速与砂轮转速相比较低，由于工件与导轮（通常是用橡胶结合剂做的，磨粒较粗）之间的摩擦较大，所以工件接近于导轮转速回转，从而在砂轮与工件间形成很大的速度差，据此产生磨削作用。改变导轮的转速，便可以调整工件的圆周进给速度。无心磨床所磨削的工件，尺寸精度和几何精度都较高，且有很高的生产率。如果配备自动上下料机构，很容易实现单机自动化，适用于大批量生产。

3. 工具磨床

工具磨床是对各种特殊复杂工件磨削加工所使用磨床的统称，主要用于磨削各种切削刀具的刃口，如车刀、铣刀、铰刀、齿轮刀具、螺纹刀具等。其装上相应的机床附件，可对体积较小的轴类外圆、矩形平面、斜面、沟槽和半球等外形复杂的机具、夹具、模具进行磨削加工。具体包括工具曲线磨床、钻头沟槽磨床、拉刀刃磨床、滚刀刃磨床以及花键轴磨床、螺纹磨床、活塞环磨床、齿轮磨床等。

二、数控磨床

数控磨床是利用磨具对工件表面进行磨削加工的机床。大多数的磨床是使用高速旋转的砂轮进行磨削加工，少数的是使用油石、砂带等其他磨具和游离磨料进行加工，如珩磨机、超精加工机床、砂带磨床、研磨机和抛光机等。数控磨床还包括数控平面磨床、数控无心磨床、数控内外圆磨床、数控立式万能磨床、数控坐标磨床、数控成形磨床等。

第五节　其他金属切削机床简介

一、刨床

刨床类机床主要用于加工各种平面（如水平面，垂直面及斜面等）和沟槽（如 T 形槽、燕尾槽、V 形槽等），有时也用于加工直线成形面。

刨床类机床主要有牛头刨床、龙门刨床和插床三种类型，分别如下。

（一）牛头刨床

1. 牛头刨床的组成

牛头刨床主要由床身、滑枕、刀架、工作台、横梁等部分组成。

（1）床身

床身用来支撑和连接刨床的各个部件，其顶面导轨供滑枕做往复运动，其侧面导轨供工作台升降。床身内部装有齿轮变速机构和摆杆机构，以改变滑枕的往复运动速度和行程长度。

（2）滑枕

滑枕主要用来带动刨刀做直线往复运动（即主运动）。滑枕前端装有刀架，内部装有丝杆螺母传动装置，可用以改变滑枕的往复行程位置。

（3）刀架

刀架用来装夹刨刀、转动刀架手柄，可使刨刀做垂直的进、退刀运动。另外，松开转盘上的螺母，将转盘扳转一定角度后，可使刀架做斜向进给。刀架的滑板装有可偏转的刀座（又称刀盒），刀架的抬刀板可以绕刀座的 A 轴向上转动。刨刀安装在刀夹上，在回程时，刨刀可绕 A 轴自由上抬，减少了刀具与工件的摩擦。

（4）工作台

工作台是用来装夹工件的，其台面上的丁形槽可穿入螺栓来装夹工件或夹具。工作台可随横梁在床身的垂直导轨上做上下调整，同时也可在横梁的水平导轨上做水平方向移动或间歇地进给运动。

（5）横梁

横梁用来带动工作台做横向进给运动，它还可以沿床身的铅垂导轨做升降运动。

（6）传动机构

牛头刨床的传动机构主要有摆杆机构和棘轮机构（进给机构）。

（7）摆杆机构

摆杆机构的作用是使滑枕做直线往复运动，如图 2－16 所示。摆杆下端与支架相连，上端与滑枕的螺母相连，摆杆齿轮的端面装有一滑块，滑块嵌入摆杆槽中并能在槽中滑移。当摆杆齿轮由小齿轮带动旋转时，滑块就能带动摆杆绕支架中心左右摆动，从而使滑枕做往复的直线运动。

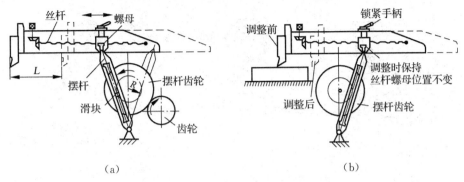

（a）　　　　　　　　　　　　　　　　（b）

（a）调整滑枕行程长度；（b）调整滑块的行程位置

图 2—16　摆杆机构

刨削前，首先需要调整滑枕的行程长度，如图 2—16（a）所示，使行程长度 L 稍大于工件刨削表面的长度。调整时转动床身外侧的方头小轴，改变滑块的偏心距瓦偏心距增大则滑枕行程长度增加；反之则行程长度减少。

另外，还要根据工件在工作台上的位置来调整滑枕的行程位置，如图 2—16（b）所示。调整时先使滑枕停留在最后位置，松开锁紧手柄；然后转动滑枕上方的方头小轴，通过一对圆锥齿轮，使丝杆旋转，由于螺母和摆杆位置不变，从而会使滑枕移动，当移动到适当位置后再扳紧锁紧手柄。

（8）棘轮机构

棘轮机构的主要作用是使横梁和工作台带着工件做间歇式的横向自动进给。

图 2—17（a）所示为棘轮机构的示意图。棘爪架空套在横梁丝杆上，棘轮和丝杆用键连接，齿轮固定在摆杆齿轮轴上，当齿轮 1 带动齿轮 2 转动时，齿轮 2 上的偏心销通过连杆推动棘爪架往复摆动，齿轮 1 转一周（即刨刀往复运动一次），棘爪架往复摆动一次。

棘爪架上有棘爪，在弹簧压力的作用下，棘爪与棘轮保持接触。棘爪架向左摆动时，棘爪推动棘轮转动；棘爪架向右摆动时，棘爪的斜面从棘轮齿顶滑过。因此，棘爪架每往复摆动一次，即推动棘轮转动，从而使工作台沿横梁水平导轨移动一定距离。

横向进给量的大小可通过转动棘轮罩，改变棘轮被拨过的齿数来调整。如图 2—17（b）所示，在棘爪摆动的范围 α 内，被棘轮罩遮住的齿数多则进给量小；反之，则进给量大。将棘爪转 180°，则工作台的进给方向改变。如果将棘爪提起转 90°，则棘爪与棘轮分离，可通过手动方式使工作台横向移动。

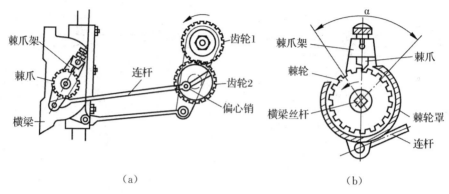

（a）　　　　　　　　　　　　　　　（b）

（a）棘轮机构示意图；（b）棘轮罩

图 2－17　棘轮机构

2. 牛头刨床的工作特点

在牛头刨床上加工时，主运动是刀具的直线往复运动，进给运动是工件的间歇移动，如图 2－18 所示。其工作特点如下：

（1）切削速度较低

刨削的主运动为直线往复运动，换向时要克服较大的惯性力；工作行程速度慢、回程速度快且不切削，因此刀具在切入与切出时产生冲击和振动，从而限制了切削速度提高。

（2）效率低

由于刨刀返回行程不进行切削，因此增加了加工时的辅助时间。另外，刨刀属于单刃刀具，一个表面往往要经过多次行程才能加工出来，所以基本工艺时间较长。刨削的生产率一般低于铣削。

（3）结构简单，操作容易

刨床的结构比车床和铣床简单，调整和操作简便，加工成本低。

（4）通用性好

刨刀与车刀基本相同，形状简单，其制造、刃磨、安装方便，因此刨削的通用性好。

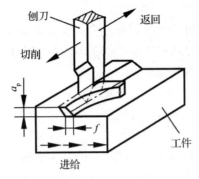

图 2-18　刨削运动

3. 牛头刨床的操纵、调整方法与步骤

以 B6050 型刨床为例介绍牛头刨床的操纵、调整方法与步骤。

（1）行程长度的调整

滑枕行程长度必须与被加工工件的长度相适应。具体操作如图 2-19 所示，先松开手柄端部的压紧螺母，再用扳手转动调节行程长短的方头，顺时针转动，行程增长；反之，行程缩短。行程长短是否合适，可用手柄转动机床右侧下方的方头，使滑枕往复移动，观察是否合适，调整后，应锁紧压紧螺母。

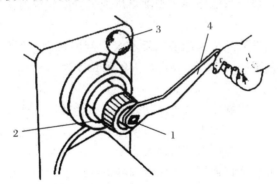

1—方头；2—压紧螺母；3—手柄；4—扳手

图 2-19　调整滑枕行程长度

（2）行程起始位置的调整

松开滑枕上部的紧固手柄，转动调节滑枕起始位置方头，顺时针转动，滑枕位置向后；反之，滑枕向前。其起始位置是否合适，同样可通过转动机床右侧下方的方头，使滑枕往复移动后观察确定，调好后应锁紧滑枕紧固手柄。

（3）刀架角度的调整

刀架可沿滑枕前端的环状 T 形槽做±15°的偏转。

（4）切削用量的调整

进给量大小与方向可通过拨动棘轮齿数和棘爪方向来调整，滑枕移动速度的快慢可根据标牌，通过推拉变速手柄到不同位置获得。

（5）工作台高低位置的调整

松开工作台紧固螺钉，进给手柄顺时针转动，工作台上升；反之，工作台下降。工作台高低位置确定后，再锁紧紧固螺钉。

（二）龙门刨床

龙门刨床用于加工大型或重型零件上的各种平面、沟槽和各种导轨面（如棱形、V形导轨面），也可在工作台上一次装夹数个中小型零件进行多件加工。

龙门刨床的主运动是工作台沿床身水平导轨所做的直线往复运动。床身的两侧固定有左右立柱，立柱顶部由顶梁连接，形成结构刚性较好的龙门框架。横梁上装有两个垂直刀架，可分别做横向或垂直方向的进给运动及快速移动。横梁可沿左右立柱的导轨做垂直升降，以调整垂直刀架位置，适应不同高度工件的加工需要。加工时横梁由夹紧机构夹持在两个立柱上。左右立柱上分别装有左侧刀架及右侧刀架，可分别沿垂直方向做自动进给和快速移动。各刀架的自动进给运动是在工作台每完成一次直线往复运动后，由刀架沿水平或垂直方向移动一定距离，使刀具能够逐次刨削出待加工表面。快速移动则用于调整刀架的位置。

龙门刨床的主参数是最大刨削宽度和最大刨削长度。例如，B2012A型龙门刨床的最大刨削宽度为1250mm，最大刨削长度为4000mm。

（三）插床

插床实质上是立式刨床，其主运动是滑枕带动插刀沿垂直方向所做的直线往复运动。滑枕向下移动为工作行程，向上为空行程。滑枕导轨座可以绕轴在小范围内调整角度，以便加工倾斜面及沟槽。床鞍及溜板可分别做横向及纵向进给，圆工作台可绕垂直轴线回转完成圆周进给或进行分度。圆工作台在上述各方向的进给运动也是在滑枕空行程结束后的短时间内进行的。圆工作台的分度是用分度装置实现的。

插床主要用于加工工件的内表面，如内孔键槽及多边形孔等，有时也用于加工成形内外表面。

二、齿轮加工机床

齿轮加工机床是用来加工齿轮轮齿的机床。由于齿轮传动在各种机械及仪表中的广泛应用，以及对齿轮传动的圆周速度和传动精度要求的日益提高，齿轮加工机床已有很大发展，成为机械制造工业中一种重要的加工设备。

（一）齿轮加工机床的类型

按照被加工齿轮的种类不同，齿轮加工机床可分为：

1. 圆柱齿轮加工机床

这类机床可分为圆柱齿轮切齿机床及圆柱齿轮精加工机床两类。切齿机床中，主要有插齿机、滚齿机、花键铣床、车齿机等。精加工机床中，包括剃齿机、珩齿机及各种圆柱齿轮磨齿机等。此外，在圆柱齿轮加工机床中，还包括齿轮倒角机、齿轮噪声检查机等。

2. 锥齿轮加工机床

这类机床可分为直齿锥齿轮加工机床及曲线齿锥齿轮加工机床两类。直齿锥齿轮加工机床包括加工直齿锥齿轮的刨齿机、铣齿机、拉齿机以及精加工机床等，曲线齿锥齿轮加工机床包括用于加工各种不同曲线齿锥齿轮的铣齿机、拉齿机及精加工机床等。此外，锥齿轮加工机床还包括加工锥齿轮所需的倒角机、淬火机、滚动检查机等设备。

（二）齿轮加工机床的工作原理

齿轮的加工可分为齿坯加工和齿面加工两个阶段。齿轮的齿坯加工通常经车削（齿轮精度较高时须经磨削）完成。而齿面加工是在齿轮加工机床上进行的，齿轮加工的加工方法有成形法和展成法两类。

1. 成形法

成形法是利用成形刀具对工件进行加工的方法。齿面的成形加工方法有铣齿、成形插行切削，齿坯将逐渐展成渐开线齿廓，如图 2—20 所示。

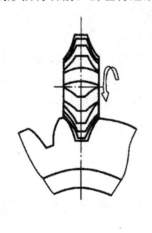 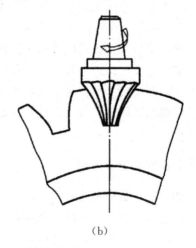

（a）　　　　　　　　　　　　　（b）

（a）卧式铣床铣齿；（b）立式铣床铣齿

图 2—20　成形法加工齿轮

2. 展成法

展成法又称滚切法，按展成法加工圆柱齿轮的基本原理是建立在齿轮的啮合原理基础上的。其原理是将齿轮副中的一个齿轮制成具有切削能力的齿轮刀具，另一个齿轮换成待加工的齿坯，由专用的齿轮加工机床提供和实现齿轮副的啮合运动。这样，在齿轮刀具与齿坯的啮合运动中进行切削，齿坯将逐渐展成渐开线齿廓，如图2—21所示。

图2—21（a）所示为齿廓的展成过程，齿条刀具与齿坯的啮合运动，即齿条刀具沿着齿坯滚动（在分度圆上做无相对滑移的纯滚动），随着齿条刀具的刀刃不断变更位置而逐层切除齿坯金属，在齿坯上生成齿廓。图2—21（b）所示为生成的齿廓，可以看出，刀刃的切削线与生成线相切并逐点接触，齿廓的生成线是切削线的包络线。

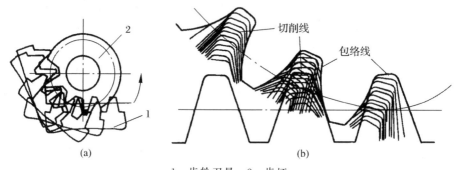

1—齿轮刀具；2—齿坯

（a）展成过程；（b）生成齿廓

图2—21　齿廓展成原理

用展成法加工齿轮的优点是用同一把刀具可以加工同一模数不同齿数的齿轮，加工精度和生产率较高。因此这种加工方法被广泛应用于各种齿轮加工机床上，如插齿机、滚齿机、剃齿机等。此外，大多数磨齿机及锥齿轮加工机床也是按展成法原理进行工作的。它是利用工件和刀具做展成切削运动进行加工的方法。

三、加工中心机床

加工中心是一种备有刀库并自动更换刀具对工件进行多工序加工的数控机床。目前加工中心具有以下特点：

①加工中心是在数控铣床或数控镗床的基础上增加了自动换刀装置，使工件在一次装夹后，可以连续完成对工件表面自动进行钻孔、扩孔、铰孔、镗孔、攻螺纹、铣削等多工步的加工，工序高度集中。

②加工中心一般带有自动分度回转工作台或主轴可自动转动，从而使工件一次装夹后，自动完成多个或多个角度位置的工序加工。

③加工中心能自动改变机床主轴转速、进给量和刀具相对工件的运动轨迹及其他辅助机能。

④加工中心若带有交换工作台，工件在工作位置的工作台上进行加工的同时，另外的工件在装卸位置的工作台上进行装卸，不影响正常的加工工件。

由于加工中心具有上述特点，因而可以大大减少工件的装夹、测量和机床的调整时间，减少工件的周转、搬运和存放时间，使机床的切削时间利用率高于普通机床3～4倍，大大提高了生产率。尤其是加工形状比较复杂、精度要求较高、品种更换速度低的工件时，更具有良好的经济性。

（一）加工中心机床分类

1. 立式加工中心

立式加工中心是指主轴为垂直状态的加工中心。其结构形式多为固定立柱，工作台为长方形，无分度回转功能，适合加工盘、套、板类零件，它一般具有两个直线运动坐标轴，并可在工作台上安装一个沿水平轴旋转的回转台，用以加工螺旋线类零件。

立式加工中心装卡方便、便于操作、易于观察加工情况、调试程序容易、应用广泛。但受立柱高度及换刀装置的限制，不能加工太高的零件，在加工型腔或下凹的型面时，切屑不易排出，严重时会损坏刀具，破坏已加工表面，影响加工的顺利进行。

2. 卧式加工中心

卧式加工中心指主轴为水平状态的加工中心。卧式加工中心通常都带有自动分度的回转工作台，它一般具有3～5个运动坐标，常见的是三个直线运动坐标加一个回转运动坐标，工件在一次装卡后，完成除安装面和顶面以外的其余四个表面的加工，它最适合加工箱体类零件。与立式加工中心相比较，卧式加工中心加工时排屑容易、对加工有利，但结构复杂、价格较高。

3. 龙门式加工中心

龙门式加工中心的形状与数控龙门铣床相似。龙门式加工中心主轴多为垂直设置，除自动换刀装置以外，还带有可更换的主轴头附件，数控装置的功能也较齐全，能够一机多用，尤其适用于加工大型工件和形状复杂的工件。

4. 五轴加工中心

五轴加工中心具有立式加工中心和卧式加工中心的功能。五轴加工中心，工件一次安装后能完成除安装面以外的其余五个面的加工。常见的五轴加工中心有两种形式：一种是主轴可以旋转90°，对工件进行立式和卧式加工；另一种是主轴不改变方向，而由工作台带着工件旋转 90°，完成对工件五个表面的加工。

5. 虚轴加工中心

虚轴加工中心改变了以往传统机床的结构，通过连杆的运动，实现主轴多自由度的运动，完成对工件复杂曲面的加工。

（二）加工中心的基本组成

加工中心有多种类型，虽然外形结构不相同，但总体上是由以下四个部分组成的。

1. 基础部件

它主要由床身、立柱和工作台等组成，主要承受加工中心的静载荷和加工时的切削负载，因此必须具备更高的静动刚度。

2. 主轴部件

它由主轴箱、主轴、电动机、主轴和主轴轴承等零件组成转速均由数控系统控制，并通过装在主轴上的刀具进行切削。主轴部件是切削加工的功率输出部件，是加工中心的关键部件，其结构的好坏对加工中心的性能有很大的影响。

3. 数控系统

数控系统是由 CNC 装置、可编程控制器、伺服驱动装置以及电动机等部件组成，是加工中心执行控制动作和控制加工过程的中心。

4. 自动换刀装置（ATC）

加工中心与一般的数控机床不同的地方是它具有对零件进行多工序加工的能力，有一套自动换刀装置。

（三）加工中心主要技术参数的含义

加工中心的主要技术参数包括工作台面积、各坐标轴行程、摆角范围、主轴转速范围、切削进给速度范围、刀库容量、换刀时间、定位精度、重复定位精度等，其具体内容及作用详见表 2－5。

表 2－5　　　　　　　　加工中心的主要技术参数表

类别	主要内容	作用
尺寸参数	工作台面积（长×宽）、承重	影响加工工件的尺寸范围（质量）、编程范围及刀具、工件、机床之间的干涉
	主轴端面到工作台距离	
	交换工作台尺寸、数量及交换时间	

类别	主要内容	作用
接口参数	工作台 T 形槽数、槽宽、槽间距	影响工件、刀具安装及加工适应性和效率
	主轴孔锥度、直径	
	最大刀具尺寸及质量	
	刀库容量、换刀时间	
运动参数	各坐标行程及摆角范围	影响加工性能及编程参数
	主轴转速范围	
	各坐标快进速度、切削进给速度范围	
动力参数	主轴电动机功率	影响切削负荷
	伺服电动机额定转矩	
精度参数	定位精度、重复定位精度	影响加工精度及其一致性
	分度精度（回转工作台）	
其他参数	外形尺寸、质量	影响使用环境

第三章　机床夹具设计

第一节　工件在夹具中的定位

一、夹具概述

夹具属于机床的附加装置，在机械加工过程中用来固定加工对象，能够准确快捷地确定加工对象和刀具以及机床之间的相对加工位置，并能把加工对象可靠夹紧的工艺装备。广义上说，在工艺过程的任何工序中，用来迅速、方便、安全地安装工件的装置，都可称为夹具。例如，焊接夹具、检验夹具、装配夹具、机床夹具等，其中机床夹具最为常见，常简称为夹具。只有正确地将工件装夹在机床夹具上，才能便利有效地加工出符合图纸设计要求的合格零件。因此，在现代制造中，机床夹具是一种不可缺少的工艺装备，它直接影响着零件的加工精度、劳动生产率和零件的加工成本等。

（一）机床夹具的作用

1. 能稳定地保证工件的加工精度

工件加工精度包括尺寸精度、几何形状和位置精度。用夹具装夹工件时，工件相对于刀具及机床的位置精度由夹具保证，不受工人技术水平的影响，可使一批工件的加工精度趋于一致。

2. 能减少辅助工时，提高劳动生产率，降低生产成本

使用夹具装夹工件方便、快速，工件不需要划线找正，可显著地减少辅助工时；工件在夹具中装夹后提高了工件的刚性，可加大切削用量；可使用多件、多工位装夹工件的夹具，并可采用高效夹紧机构，进一步提高劳动生产率。

3. 能扩大机床的使用范围，实现一机多能

根据加工机床的成形运动，附加不同类型的夹具，即可扩大机床原有的工艺范围。例如，在车床的溜板上或摇臂钻床工作台上装上镗模，就可以进行箱

体零件的镗孔加工。又如利用分度头可以在万能铣床上加工齿轮和花键，代替齿轮加工机床进行加工。

4. 减轻工人劳动强度

使用人力通过各种传动机构对工件进行夹紧，称为手动夹紧。而现代高效率的夹具，大多采用机动夹紧方式。在机动夹紧中，一般都设有产生夹紧力的动力系统，常用的动力系统有：气动、液压、气液联合、电动、磁力、真空动力等系统。机动夹紧可以大幅度缩减装夹工件的辅助时间，提高生产率和减轻工人的劳动强度。

（二）机床夹具的分类

随着机械制造业的蓬勃发展，产品的种类各式各样，与之对应的加工方法与手段也随之增多。因此所需要的机床夹具种类也比较多，但生产中一般可按照夹具的应用场合、使用特点、加工所使用的机床类型以及夹紧所用的动力源进行分类。

1. 按夹具的使用特点分类

（1）通用夹具

通用夹具是指已经标准化的，在一定范围内可用于加工不同工件的夹具。例如，车床上的三爪自定心卡盘和四爪单动卡盘，铣床上的平口钳、分度头和回转工作台等。它们由于具有一定的通用性，故而得名。这类夹具一般由专业工厂生产，常作为机床附件提供给用户。其特点是适应性广，生产效率低，因此主要适用于单件、小批量生产中。

（2）专用夹具

专用夹具是指为某一工件的某道工序而专门设计的夹具。其特点是结构紧凑，操作迅速、方便、省力，可以保证较高的加工精度和生产效率，但设计制造周期较长、制造费用也较高。当产品变更时，专用夹具将由于无法再使用而报废，因此只适用于产品固定且批量较大的生产中。

（3）通用可调夹具和成组夹具

这类夹具的特点是夹具的部分元件可以更换，部分装置可以调整，以适应不同零件的加工。用于相似零件的成组加工的夹具，称为成组夹具。通用可调夹具与成组夹具相比，加工对象不很明确，适用范围更广一些。

（4）组合夹具

组合夹具是指按零件的加工要求，用专门的标准化、系列化的拼装零部件组装而成的夹具，只用于特定的工件和工序。其特点是灵活多变，万能性强，制造周期短，元件能反复使用，特别适合于新产品的试制和单件小批生产。

（5）随行夹具

随行夹具是一种在自动线上使用的夹具。该夹具既要起到装夹工件的作用，又要与工件成为一体沿着自动线从一个工位移到下一个工位，进行不同工序的加工。

2. 按使用的机床分类

各类机床由于自身工作特点和结构形式各不相同，对所用夹具的结构也相应地提出了不同的要求。按所使用的机床不同，夹具又可分为车床夹具、铣床夹具、钻床夹具、镗床夹具、磨床夹具、齿轮机床夹具和其他机床夹具等。

3. 按夹紧动力源分类

夹具根据所采用的夹紧动力源不同，可分为手动夹具、气动夹具、液压夹具、气液夹具、电动夹具、磁力夹具、真空夹具等。

（三）机床夹具的组成

机床夹具的种类和结构很多，但一般来说，夹具都是由定位元件、夹紧装置、夹具体、对刀与导向装置、连接元件和其他元件及装置组成。

1. 定位元件及定位装置

定位元件与定位装置与工件的定位基准相接触，用于确定工件在夹具中的正确位置，从而保证加工时工件相对于刀具和机床加工运动间的相对正确位置。

2. 夹紧装置

夹紧装置的作用是将工件压紧夹牢，保证工件在加工过程中受到外力作用时不会离开已经确定的正确位置。

3. 导向元件与对刀元件

这些元件的作用是保证工件与刀具之间的位置正确。用于确定刀具在加工前正确位置的元件，称为对刀元件，如对刀块。用于确定刀具位置并导引刀具进行加工的元件，称为导引元件。

4. 夹具体

夹具体是机床夹具的关键部件，也是主要用来连接或固定夹具上各元件及装置，使其成为一个整体的基础件。夹具体可使夹具相对机床具有确定的位置，主要有槽系与孔系两类。

5. 连接元件

此元件是使夹具与机床相连接的元件，保证机床与夹具之间的相对位置关系。

6. 其他元件及装置

某些夹具根据工件的加工要求，要有分度机构，铣床夹具要求有定位键，大型夹具还要求有吊装元件等。

以上这些组成部分，并不要求每种机床夹具都一一具备，但是任何夹具都必须有定位元件和夹紧装置，它们是保证工件加工精度的关键，目的是使工件定位准确、夹牢。

二、装夹工件的方法

对一批工件来说，不论先后，每一个工件都需要放在预先规定的位置。要做到这一点，就需要采取两方面的措施：一是将夹具安装在机床上，通过调整使夹具、刀具及机床之间获得正确的相对位置，即所谓的夹具在机床上的对定；二是确保工件在夹具中占有一个正确的位置，即工件在夹具中的定位。因此，工件在机床上的定位包括工件在夹具上的定位和夹具相对于机床的定位两个方面。这里只讨论工件在夹具上的定位。

为保证工件被加工表面加工后达到规定的加工要求（尺寸、形状和位置精度），工件在机床上加工前，必须将其放在准确的位置上，并将其可靠固定，以确保工件在加工过程中不发生位置变化，这个过程被称为装夹。简言之，确定工件在机床上或夹具中占有准确加工位置的过程叫做定位；在工件定位后用外力将其固定，使其在加工过程中保持定位位置不变的操作叫做夹紧。装夹就是定位和夹紧过程的总和。

工件在机床上的装夹主要有两种方法。

（一）找正法

找正法：把工件直接放在机床上，或者放在四爪单动卡盘、机用虎钳等机床附件中，根据工件的一个或几个表面用划针或指示表找正工件准确位置后再进行夹紧；也可以先按加工要求进行加工位置的划线工序，然后再按划出的线痕进行找正实现装夹。这类装夹方法的不足之处在于工人劳动强度大、生产效率低、定位精度低，而且要求工人技术等级高，并且常常需要增加划线工序，所以增加了生产成本。由于这种方法只需要使用通用性很好的机床附件和工具即可完成装夹，因此能适宜加工各种不同零件的各种表面，特别适合用于单件、小批量生产。

（二）用夹具装夹工件

这种装夹方式是指若工件直接装在夹具上，不需要进行找正，就能直接得到准确加工位置。

三、定位的基本原理

(一) 六点定位原理

任何一个自由物体在三维空间中相对于三个互相垂直的坐标系 $Oxyz$ 来说，都有六个独立活动的可能性，即沿 x、y、z 三个坐标轴的移动和绕三个坐标轴的转动。习惯上把这种独立活动的可能性，称为自由度，活动可能性的个数称为自由度的数目。因此空间任一自由物体共有六个自由度。如图 3-1 所示，工件沿 x、y、z 轴移动的三个自由度，称为平动自由度，分别以 $\vec{x}$、$\vec{y}$、$\vec{z}$ 表示；绕 x、y、z 轴转动的三个自由度，称为转动自由度，分别以 $\hat{x}$、$\hat{y}$、$\hat{z}$ 表示。若使工件在某方向有确定的位置，就必须限制其在该方向的自由度。工件定位的任务就是根据加工精度的要求限制工件的全部或部分自由度，限制的方法是用相当于六个支承点的定位元件与工件的定位基准面接触，如图 3-2 所示，在底面 xOy 内的三个支承点限制了 $\hat{x}$、$\hat{y}$、$\vec{z}$ 三个自由度；在侧面 yOz 内的两个支承点限制了 $\vec{x}$、$\hat{z}$ 两个自由度；在端面 xOz 内的一个支承点限制了 $\vec{y}$ 一个自由度。因此，工件的六个自由度就全部被限制了。

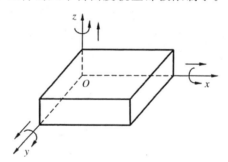

图 3-1　物体的六个自由度

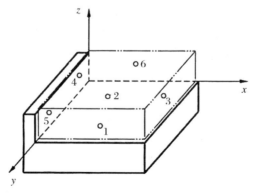

图 3-2　工件的六点定位

由此可知工件在夹具中定位的基本原理：工件在夹具中的位置有六个自由度，要限制这六个自由度，需要在夹具上按一定要求布置六个支承点或相当于支承点的定位元件，使它们与工件紧密接触或配合，其中每一个支承点相应地消除一个自由度，从而使工件在夹具中占有一个完全确定的位置。这就是所谓的"六点定位原理"。

需要注意：一是当工件的形状及工件的定位基准不同时，定位点的分布应根据具体情况做相应的改变，但不论定位点的定位形式如何改变，"六点定则"不能改变，即六个支承点必须消除工件的六个自由度；二是"六点定位原理"是把夹具中的定位元件抽象成了支承点，每个支承点消除工件的一个自由度，最终将工件的六个自由度都消除，但实际上夹具有时使用的是一些具体的定位元件，并不都是直接由支承点组成的，往往是通过定位元件上的具体定位表面体现出来的。工件上的定位基面与定位元件上相对应的定位表面合称为定位副。

（二）限制工件自由度与加工要求的关系

工件在加工中是否需要对六个自由度都要加以限制呢？这要根据工件的加工要求来确定。为了达到某一工序的加工要求，有时不一定要完全限制工件的六个自由度，或工件加工不一定非要使工件的位置达到完全确定的程度。

根据夹具定位元件限制工件自由度的情况，可将工件在夹具中的定位分为以下几种情况。

1. 完全定位

根据被加工表面的加工精度要求，有时需要将工件的六个自由度全部限制，这种定位方法称为完全定位。

2. 不完全定位

根据工件被加工表面的加工精度要求，有时在夹具中工件的六个自由度没有被全部限制，但能满足加工要求，这种定位方式称为不完全定位。这种定位虽然没有完全限制工件的六个自由度，但保证加工精度的自由度已全部限制，因此也是合理的定位，这在实际夹具定位中普遍存在。由此可以看出，工件定位时所要限制的自由度数目，是根据具体的加工要求来定的，并不是六个自由度都必须限制，所以，完全定位和不完全定位都是合理的定位方式。

3. 欠定位

根据被加工表面的加工精度要求，需要限制的自由度没有得到完全限制，即实际限制的自由度个数少于工序加工要求所必须限制的自由度数目，这种定位方法称为欠定位。欠定位不能保证工件的加工精度要求，在工件加工中是绝对不允许的。

4. 过定位

若工件的某自由度被两个或两个以上的定位元件重复限制，这种定位方法称为过定位，也叫重复定位。

过定位可能导致定位干涉或工件装夹困难，进而导致工件或定位元件产生变形、定位误差增大，因此在定位设计中应该尽量避免过定位。为了消除或减少过定位造成的不良后果，可采取如下措施。

①改变定位元件不合理的定位结构，使定位元件重复限制自由度的部分不起定位作用。

②提高工件定位基准之间以及定位元件工作表面之间的位置精度，这样也可消除因过定位而引起的不良后果，保证工件的加工精度，而且有时还可以提高工件的局部刚度和工件定位的稳定性。因此，当加工刚性差的工件时，过定位亦可合理应用。

第二节　定位误差

一、产生定位误差的原因

按照"六点定位原理"，可以设计和检查工件在夹具上的正确位置，但能否满足工件对工序加工精度的要求，则取决于刀具与工件之间正确的相互位置。而影响这个正确的位置关系的因素很多，如夹具在机床上的装夹误差、工件在夹具中的定位误差和夹紧误差、机床的调整误差、工艺系统的弹性变形和热变形误差、机床和刀具的制造误差及磨损误差等。为了保证工件的加工质量，误差总和应满足如下关系式

$$\Delta \leqslant \delta \qquad (3-1)$$

式中　Δ——各种因素产生的误差总和；

　　　δ——工件被加工尺寸的公差。

本节只研究定位误差对加工精度的影响，所以式（3—1）可写为

$$\Delta_d + \Delta_{\Sigma} \leqslant \delta \qquad (3-2)$$

式中　Δ_d——工件在夹具中的定位误差，一般应小于 $\delta/3$；

　　　Δ_{Σ}——除定位误差外，其他因素引起的误差总和。

所谓定位误差，是指由于工件定位造成的加工面相对工序基准的位置误差，也就是由于定位不准造成的加工面相对于工序基准沿加工要求（加工尺寸）方向上的最大位置变动量。因为对一批工件来说，刀具经调整后位置是不

动的，即被加工表面的位置相对于定位基准是固定的，所以定位误差就是工序基准在加工尺寸方向上的最大变动量。

在轴上加工键槽时，要求保证槽底至轴心的距离 H。若采用 V 形块定位，键槽铣刀按规定尺寸 H 调整好位置。实际加工时，由于工件直径存在公差，会使轴心位置发生变化。不考虑加工过程误差，仅由于轴心位置变化而使工序尺寸 H 也发生变化，此变化量（即加工误差）是由工件的定位引起的，故称为定位误差。

造成定位误差的原因有两个方面：

一是由于定位基准与工序基准不一致所引起的定位误差，称为基准不重合误差，即工序基准相对定位基准在加工尺寸方向上的最大变动量，以 Δ_b 表示；

二是由于定位副制造误差及其配合间隙所引起的定位误差，称为基准位移误差，即定位基准的相对位置在加工尺寸方向上的最大变动量，以 Δ_j 表示

二、定位误差的计算

分析和计算定位误差的目的，就是为了判断所采用的定位方案能否满足加工要求，以便对不同方案进行分析比较，从而选出最佳定位方案。它是决定定位方案的一个重要依据。

由定位误差产生的原因可知，基准不重合误差是由于定位基准选择不当产生的，而基准位移误差是由于定位副制造误差及其配合间隙所引起的。在工件定位时，上述两项误差可能同时存在，也可能只有一项存在，但不管如何，定位误差是由两项误差共同作用的结果。故有

$$\Delta_d = \Delta_j \pm \Delta_b \qquad (3-3)$$

利用式（3-3）计算定位误差，称为误差合成法，是加工尺寸方向上的代数和。在定位误差的分析与计算中，可以将两项误差分别计算，再按式（3-3）进行合成。当 Δ_j 和 Δ_b 是由同一误差因素导致时，称 Δ_j 和 Δ_b 关联，此时如果它们方向相同，合成时取"＋"号；如果它们方向相反，合成时取"－"号。当两者不关联时，可直接采用两者的和叠加计算定位误差。

分析计算定位误差时应注意：①定位误差是指工件在某工序中某加工精度参数（尺寸、位置）的定位误差。它是该加工精度参数的加工误差的一部分；②某工序的定位方案对本道工序的多个不同加工精度参数产生不同的定位误差，应分别逐一计算；③分析计算定位误差的前提是用夹具装夹加工一批工件，用调整法保证加工要求；④计算出的定位误差数值是指加工一批工件时某加工精度参数可能产生的最大误差范围（加工精度参数最大值与最小值之间的变动量）。它是个界限范围，而不是某一个工件定位误差的具体值；⑤一批工

件的设计基准相对定位基准产生的最大位置变动量△B、定位基准相对对刀基准产生的最大位置变动量是产生定位误差的原因，而不一定就是定位误差的具体数值。

另外，定位误差是在采用调整法加工一批工件时产生的，若采用逐件试切法加工，则根本不存在定位误差。下面讨论常见定位方法的定位误差分析与计算。

（一）用夹具装夹工件进行加工时的工艺基准

所谓基准就是工件上用来确定其他点、线、面位置时所依据的点、线、面。用夹具装夹工件进行加工时所涉及的基准可分为设计基准和工艺基准两大类。定位基准是工艺基准的一种，是加工零件时用以确定零件在机床或夹具中正确位置的点、线、面。设计基准是指在设计图上确定几何要素的位置所依据的基准；工艺基准是指在工艺过程中所采用的基准。与夹具定位误差计算有关的工艺基准有以下三种。

1. 工序基准

在工序图上用来确定加工表面的位置所依据的基准。工序基准可简单地理解为工序图上的设计基准。分析计算定位误差时所提到的设计基准，是指零件图上的设计基准或工序图上的工序基准。

2. 定位基准

在加工过程中使工件占据正确加工位置所依据的基准，即工件与夹具定位元件定位工作面接触或配合的表面。为了提高工件的加工精度，应尽量选择设计基准作为定位基准。

3. 对刀基准（调刀基准）

由夹具定位元件的定位工作面体现的，用于调整加工刀具位置所依据的基准。必须指出，对刀基准与上述两工艺基准的本质是不同的，它不是工件上的要素，它是夹具定位元件的定位工作面体现出来的要素（平面、轴线、对称平面等）。例如，若夹具定位元件是支承板，对刀基准就是该支承板的支承工作面。

（二）工件以平面定位时的定位误差

图 3-3 为铣台阶面的两种定位方案。若按图 3-3（a）所示的定位方案铣工件上的台阶面 C，要求保证尺寸为 20 ± 0.15mm，下面分析和计算其定位误差。

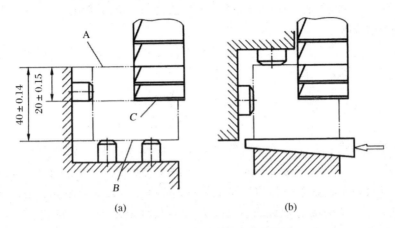

图 3—3　铣阶面的两种定位方案

　　由工序简图知，加工尺寸 20±0.15mm 的工序基准（也是设计基准）是 A 面，而图 3—3（a）中的定位基准面是 B 面，可见定位基准与工序基准不重合，必然存在基准不重合误差。这时的定位尺寸是 40±0.14mm，与加工尺寸方向一致，所以基准不重合误差的大小就是定位尺寸的公差，即 $\Delta_b = 0.28$mm。若定位基准 B 面制造得比较平整光滑，则同批工件的定位基准位置不变，不会产生基准位移误差，即 $\Delta_j = 0$。所以有

$$\Delta_d = \Delta_j \pm \Delta_b = 0.28\text{mm}$$

　　而加工尺寸 20±0.15 的公差 $\delta = 0.30$mm，所以 $\Delta_d = 0.28$mm $> \delta/3 = (0.30/3)$ mm $= 0.10$mm。

　　由式（3—2）可知，定位误差太大，留给其他加工误差的允许值就太小了，只有 0.02mm，所以在实际加工中很容易出现废品。因此，此方案在没有其他工艺措施的条件下不宜采用。若改为图 3—3（b）所示的定位方案，使定位基准与工序基准重合，则定位误差为零。但若采用 3—3（b）所示的定位方案，工件需从下向上夹紧，夹紧方案不够理想，并且会使夹具结构变得很复杂。

　　（三）工件以外圆定位时的定位误差

　　当工件以外圆在 V 形块上定位时，若不考虑 V 形块的制造误差，则工件定位基准在 V 形块的对称面上，因此工件中心线在水平方向上的位移为零。但在垂直方向上，由于工件外圆有制造误差，而产生基准位移，其值为

$$\Delta_j = O_1O_2 = \frac{O_1M}{\sin\frac{\alpha}{2}} - \frac{O_2N}{\sin\frac{\alpha}{2}} = \frac{\frac{1}{2}d}{\sin\frac{\alpha}{2}} - \frac{\frac{1}{2}(d-\delta_d)}{\sin\frac{\alpha}{2}} = \frac{\delta_d}{\sin\frac{\alpha}{2}} \quad (3-4)$$

下面以三种不同工序尺寸标注情况，工件直径尺寸为 $d_{-\delta_d}^0$，其定位误差的分析计算如下：

①为工序基准与定位基准重合，此时 $\Delta_b = 0$，只有基准位移误差，故影响工件尺寸 H_1 的定位误差为

$$\Delta_d = \Delta_j = \frac{\delta_d}{2\sin\dfrac{\alpha}{2}} \tag{3-5}$$

②工序基准选在工件的上母线 A 处，工序尺寸为 H_2。此时工序基准与定位基准不重合，其误差为 $\Delta_b = \delta_d/2$，基准位移误差 Δ_j 同上。由于 Δ_b 和 Δ_j 均是由于工件尺寸制造误差引起的，属于关联误差因素，因此采用合成法计算时需判断其正负。其判断方法如下：当工件直径尺寸减小时，工件定位基准将下移；当工件定位基准位置不变时，若工件直径尺寸减小，则工序基准 A 下移，两者变化方向相同，故定位误差计算应采用和合成，即

$$\Delta_d = \Delta_j + \Delta_b = \frac{\delta_d}{2\sin\dfrac{\alpha}{2}} + \frac{\delta_d}{2} \tag{3-6}$$

③工序基准选在工件的下母线 B 处，工件尺寸为 H_3。当工件直径尺寸变小时，定位基准将下移，但工序基准将上移，因此定位误差计算应采用减合成，即

$$\Delta_d = \Delta_j - \Delta_b = \frac{\delta_d}{2\sin\dfrac{\alpha}{2}} - \frac{\delta_d}{2} \tag{3-7}$$

可以看出，当式（3-5）、式（3-6）和式（3-7）中的 α 角相同，且以工件下母线为工序基准时，定位误差最小，而以工件上母线为工序基准时定位误差最大。可见，工件在 V 形块上定位时，定位误差会随加工尺寸的标注方法不同而不同。另外，随 V 形块夹角 α 的增大，定位误差减小，但夹角过大时，将引起工件定位不稳定，故一般多采用 90°的 V 形块。

（四）工件以圆柱孔定位时的定位误差

工件以圆柱孔在不同的元件上定位，所产生的定位误差是不同的。其常用的定位元件是圆柱定位心轴（或定位销），此时定位误差的计算分为工件孔与定位心轴（或定位销）采用过盈配合和间隙配合两种情形。

1. 工件以圆柱孔在过盈配合的心轴上定位

由于工件孔与心轴（或定位销）为过盈配合时，定位副间无间隙，定位基准的位移量为零，所以 $\Delta_j = 0$。

当标注为 H_1 尺寸时，工序基准与定位基准重合，则定位误差为

$$\Delta_d = \Delta_j + \Delta_b = 0 \qquad\qquad (3-8)$$

当标注为 H_2 尺寸时，工序基准在工件定位孔的母线上，则定位误差为

$$\Delta_d = \Delta_j + \Delta_b = \Delta_b = \frac{\delta_d}{2} \qquad\qquad (3-9)$$

当标注为 H_3 尺寸时，工序基准在工件外圆母线上，则定位误差为

$$\Delta_d = \Delta_j + \Delta_b = \Delta_b = \frac{\delta_D}{2} \qquad\qquad (3-10)$$

2. 工件以圆柱孔在间隙配合的圆柱心轴（或圆柱销）上定位

①工件孔与定位心轴（或定位销）水平放置，理想定位状态下工序基准（孔中心线）与定位基准（心轴轴线）重合，$\Delta_b = 0$；但由于工件的自重作用，使工件孔与定位心轴（或定位销）的上母线单边接触，孔中心线相对于定位心轴（或定位销）轴线将总是下移。由于定位副的制造误差，将产生定位基准位移误差，孔中心线在铅垂方向上的最大变动量为

$$\Delta_j = O_1O_2 = OO_2 - OO_1 = \frac{D_{max} - d_{min}}{2} = \frac{D_{min} - d_{max}}{2} = \frac{\delta_D + \delta_d}{2}$$

$$(3-11)$$

需要注意：基准位移误差 Δ_j 是最大位置变化量，而不是最大位移量。Δ_j 计算结果中没有包含 $\Delta_{min}/2$。这是因为 $\Delta_{min}/2$ 是常值系统误差，可以通过调刀消除。因此，在确定两刀尺寸时应加以注意。对于基准不重合误差，则应视工序基准的不同而做相应计算。

②工件孔与定位心轴（或定位销）垂直放置，工件孔与定位心轴（或定位销）垂直放置，定位心轴（或定位销）与工件内孔则可能任意边接触，应考虑加工尺寸方向的两个极限位置及孔轴的最小配合间隙△的影响，此时最小配合间隙△无法在调整刀具尺寸时预先给予补偿，所以在加工尺寸方向上的最大基准位移误差可按最大孔和最小轴求得孔中心线位置的变动量

$$\Delta_j = \delta_D + \delta_d + \Delta_{min} = \Delta_{max} \qquad\qquad (3-12)$$

而基准不重合误差，则应视工序基准的不同而做相应计算。

（五）工件以一面两孔定位时的定位误差

①"1"孔中心线在 x、y 方向的最大位移为

$$\Delta_{D(1x)} = \Delta_{D(1y)} = \delta_{D_2} + \delta_{d_2} + \Delta_{1min} = \Delta_{1max} \qquad\qquad (3-13)$$

②"2"孔中心线在 x、y 方向的最大位移分别为

$$\Delta_{D(2x)} = \Delta_{D(1x)} + 2\delta_{L_D} \qquad\qquad (3-14)$$

$$\Delta_{D(2y)} = \delta_{D_2} + \delta_{d_2} + \Delta_{2min} = \Delta_{2max} \qquad\qquad (3-15)$$

③两孔中心连线对两销中心连线的最大转角误差

$$\Delta_{D(a)} = 2\alpha = 2\arctan \frac{\Delta_{1\max} + \Delta_{2\max}}{2L} \qquad (3-16)$$

以上定位误差都属于基准位移误差。

第三节　工件在夹具中的夹紧

一、夹紧装置的组成及基本要求

（一）夹紧装置的组成

夹紧装置分为手动夹紧和机动夹紧两类。根据结构特点和功用，典型夹紧装置一般由以下三部分组成。

1. 动力源装置

动力源是产生原始作用力的部分，主要用于产生夹紧力，是机动夹紧的必要装置。采用人力对工件进行夹紧，称之为手动夹紧；采用气动、液动、真空、电动以及机床的运动等动力装置来代替人力进行夹紧，称之为机动夹紧。效率高的机床夹具多采用机动夹紧方式。

2. 中间传力机构

它是介于动力源和夹紧元件之间的机构，用于接受和传递原始作用力，通过它将动力源产生的夹紧力传给夹紧元件，然后由夹紧元件最终完成对工件的夹紧。一般中间传力机构可以在传递夹紧力的过程中，改变原始作用力的方向和大小，并可具有一定的自锁性能，以保证夹紧的可靠性，这方面对手动夹紧尤为重要。

3. 夹紧元件

它是夹紧装置中实现夹紧的最终执行元件。通过它和工件直接接触而完成夹紧工作。但在一些简单的手动夹紧装置中，夹紧元件和中间传力机构往往连在一起，很难区分开来。

（二）夹紧装置的基本要求

夹紧装置是夹具的重要组成部分。正确合理的设计和选择夹紧装置，有利于保证工件的加工质量、提高生产效率和减轻工人的劳动强度。因此对夹紧装置提出以下要求：

①夹紧过程可靠，不能改变工件定位后所占据的正确位置，即不应该破坏定位。

②夹紧力的大小适当，既要保证工件在加工过程中其位置稳定不变、振动小，又要使工件不会产生过大的夹紧变形或表面损伤。

③操作简单方便、安全省力，并要有足够的强度和刚度。

④结构性好，夹紧装置的结构力求简单、紧凑，便于制造和维修。

⑤手动夹紧机构要有自锁性能。

为满足上述要求，其核心问题是正确地确定夹紧力。

二、设计夹紧装置的基本准则

一套夹紧装置设计的优劣，在很大程度上取决于夹紧力的设计是否合理。夹紧力包括夹紧力的方向、作用点和大小三个要素，一个夹紧机构设计的好坏，在很大程度上取决于夹紧力三要素确定的是否合理。

（一）夹紧力方向的选择

由于在各种机械加工过程中，夹紧力的方向与切削的方向不尽相同，所以对夹紧力大小的要求也不同。夹紧力方向的选择原则如下所述。

1. 夹紧力的作用方向应不破坏定位的准确性和可靠性

夹紧力的方向应指向主要定位基准面，把工件压向定位元件的主要定位表面上。例如，直角支座镗孔，要求孔与 A 面垂直，故应以 A 面为主要定位基准，且夹紧力方向与之垂直，则较容易保证质量。反之，若压向 B 面，当工件 A、B 两面有垂直度误差时，就会使孔不垂直 A 面而产生报废，其实质是夹紧力的作用方向选择不当，改变了工件的主要定位基准面，从而产生了误差。

2. 夹紧力方向应是工件刚性较好的方向，应使工件变形尽可能小

由于工件在不同方向上的刚度是不等的，不同的受力表面也因其接触面积大小而变形各异。

3. 夹紧力方向应使所需夹紧力尽可能小。

在保证夹紧可靠的前提下，减小夹紧力可以减轻工人的劳动强度，提高生产效率，同时可以使机构轻便、紧凑以及减少工件变形。为此，应使夹紧力 Q 的方向最好与切削力 F、工件重力 G 的方向重合，这时所需要的夹紧力为最小。一般在定位与夹紧同时考虑时，切削力 F、工件重力 G、夹紧力 Q 三力的方向与大小也要同时考虑。

（二）夹紧力作用点的选择

夹紧力的作用点是指夹紧元件与工件相接触的位置。夹紧力作用点的位置和数目将直接影响工件定位后的可靠性和夹紧后的变形，选择时应注意以下几个方面：

①保证工件定位稳定，不致引起工件产生位移或偏转。

②夹紧力作用点应落在工件刚度较好的部位上，使被夹紧工件的夹紧变形尽可能小。这对刚度较差的工件尤其重要。

③夹紧力作用点应尽可能靠近被加工表面或切削部位，以减小切削力对工件造成的翻转力矩，必要时应在工件刚性差的部位增加辅助支承并施加附加夹紧力，以免振动和变形。为提高工件夹紧的可靠性和工件加工部位的刚度，也可在靠近工件加工部位另加一个辅助支承和相应的夹紧点。

（三）夹紧力大小的确定

夹紧力的大小主要影响了工件定位的可靠性、工件的夹紧变形以及夹紧装置的结构尺寸和复杂性，因此夹紧力的大小应当适中。在实际设计中，确定夹紧力大小的方法有两种：经验类比法和分析计算法。

为简化起见，通常将夹具和工件视为一个刚性系统来计算夹紧力。采用分析计算法，一般根据切削原理的公式求出切削力的大小 F，必要时算出惯性力、离心力的大小，然后与工件重力及待求的夹紧力组成静平衡力关系，列出平衡方程式，即可计算出理论夹紧力 Q'。为安全可靠起见，还要考虑一个安全系数 K，因此实际的夹紧力应为

$$Q = KQ' \tag{3-17}$$

根据生产经验，一般取 K 值范围为 1.5～3，粗加工时取 2.5～3，精加工时取 1.5～2。

由于加工中切削力随刀具的磨钝、工件材料性质和余量的不均等因素而变化，而且切削力的计算公式是在一定的条件下求得的，使用时虽然根据实际的加工情况给予修正，但是仍然很难计算准确。所以在实际生产中一般很少通过计算法求得夹紧力，而是采用类比的方法估算夹紧力的大小。对于一些关键性的重要夹具，则往往通过实验方法来测定所需要的夹紧力。

夹紧力三要素的确定，实际上是一个综合性问题，必须全面考虑工件的结构特点、工艺方法、定位元件的结构和布置等多种因素，才能最后确定并具体设计出较为理想的夹紧机构。

三、常见的夹紧装置

从夹紧装置的组成中可以看出，不论采用何种动力源（手动或机动），外加的原始作用力要转化为夹紧力，都必须通过夹紧机构。

夹紧机构的选择需要满足加工方法、工件所需夹紧力大小、工件结构、生产率等方面的要求，因此，在设计夹紧机构时，首先要了解各种基本夹紧机构的工作特点（如能产生多大的夹紧力、自锁性能、夹紧行程、扩力比等）。夹具中常用的基本夹紧机构有斜楔、螺旋、偏心等，它们都是根据斜面夹紧原理

夹紧工件。

（一）斜楔夹紧机构

斜楔夹紧机构是利用斜面的楔紧作用，即利用斜面移动时所产生的力，将外力传递给工件，完成对工件的夹紧。斜楔夹紧主要用于增大夹紧力或改变夹紧力方向。斜楔在气动（或液动）作用下向前进，装在斜楔上方的小柱塞在弹簧的作用下推压板向前。当压板与螺钉靠紧时，斜楔继续前进，此时柱塞压缩小弹簧而压板停止不动。斜楔再向前前进时，压板后端抬起，前端将工件压紧。斜楔只能在楔座的槽内滑动。松开时，斜楔向后退、弹簧将压板抬起，斜楔上的销子将压板拉回。

当工件夹紧并撤除原动力后，夹紧机构依靠摩擦力的作用，仍保持对工件的夹紧状态的现象称为自锁。当斜楔的斜楔角在 $10°\sim15°$ 时具有自锁性能，但其自锁的稳定性较差。斜楔夹紧机构简单，工作可靠，但由于它的机械效率较低，很少直接应用于手动夹紧，而常用在工件尺寸公差较小或毛坯质量较高的机动夹紧机构中。

（二）螺旋夹紧机构

螺旋夹紧机构结构简单、容易制造，而且螺旋相当于是一个斜楔缠绕在圆柱体的表面形成的，转动螺旋时即可夹紧工件；由于其升角小，所以螺旋机构具有较好的自锁性能，获得的夹紧力大，是应用最广泛的一种夹紧机构。转动手柄，使压紧螺钉向下移动，通过浮动压块将工件夹紧。浮动压块既可增大夹紧接触面积，又能防止压紧螺钉旋转时带动工件偏转而破坏定位和损伤工件表面。

螺旋夹紧机构夹紧行程大，扩力比大，自锁性能好，在实际设计中得到广泛应用，尤其适合于手动夹紧机构，但其夹紧动作缓慢，效率低，不宜使用于自动化夹紧装置上。

（三）偏心夹紧机构

偏心夹紧机构也是从楔块夹紧装置转化而来的，它是将楔块包在圆盘上，旋转圆盘使工件得以夹紧。偏心夹紧机构的夹紧原理与斜楔夹紧机构相似，只是斜楔夹紧的楔角不变，而偏心夹紧的楔角是变化的。

偏心夹紧机构的特点是夹紧行程小，夹紧力小，自锁能力差；夹紧迅速，结构紧凑。所以该机构主要应用于切削力不大，振动较小的场合，与其他元件联合使用。

（四）联动夹紧装置

联动夹紧装置是利用机构的组合完成单件或多件的多点、多向同时夹紧的机构。它可以实现多件加工、减少辅助时间、提高生产效率、减轻工人的劳动强度等。

多件联动夹紧机构，一般有平行式多件联动夹紧机构和连续式多件联动夹紧机构。若采用刚性压板夹紧，则因一批工件的外圆直径尺寸的不一致，将导致个别工件夹不紧的现象。可增加浮动装置，既可以同时夹紧工件，又方便操作。在理论上平行式夹紧各工件受到的夹紧力相等。另外，在设计联动夹紧机构时，应注意设置浮动环节；同时夹紧的工件不宜太多；结构的刚度要好，力求简单、紧凑。

在大批大量生产中，为提高生产率、降低工人劳动强度，大多数夹具都采用机动夹紧装置。驱动方式有气动、液动、气液联合驱动，电（磁）驱动，真空吸附等多种形式。

第四节　典型机床夹具

一、车床夹具

车床主要用于加工零件的内外圆的回转成形面、螺纹以及端面等。在车床上用来加工工件的内外回转面及端面的夹具称为车床夹具。一些已标注化的车床夹具，如三爪自定心卡盘、四爪单动卡盘、顶尖、夹头等都作为机床附件提供，能保证一些小批量的形状规则的零件加工要求。面对一些特殊零件的加工，还需设计、制造车床专用夹具来满足加工工艺要求。车床夹具多数安装在车床主轴上；少数安装在车床的床鞍或床身上。

安装在车床主轴上的夹具，根据被加工工件定位基准和夹具的结构特点，分为以下四类：

①卡盘和夹头式车床夹具，以工件外圆为定位基面，如三爪自定心卡盘及各种定心夹紧卡头等。

②心轴式的车床夹具，以工件内孔为定位基面，如各种定位心轴（刚性心轴）、弹簧心轴等。

加工时，工件以内孔及端面为定位基准，在心轴上定位，用螺母通过开口垫圈将工件夹紧。该心轴以锥柄与车床主轴连接。设计心轴时，应注意正确选择工件孔与心轴配合。

③以工件顶尖孔定位的车床夹具，如顶尖、拨盘等。

④角铁和花盘式夹具，以工件的不同组合表面定位。

当工件定位基面为单一圆柱表面或与被加工表面轴线垂直的平面时，可采用各种通用车床夹具,如三爪自定心卡盘、四爪卡盘、顶尖、花盘等;当工件定位基面较复杂时,需要设计专用车床夹具。

二、钻床夹具

在钻床上钻、扩、铰、锪孔及攻螺纹时用的夹具,称为钻床夹具。这类夹具的特点是装有钻套和安装钻套用的钻模板,故习惯上简称为钻模。钻模上均设置钻套和钻模板,用以导引刀具。钻模主要用于加工中等精度、尺寸较小的孔或孔系。使用钻模可提高孔及孔系间的位置精度,其结构简单、制作方便,因此钻模在各类机床夹具中占的比重最大。

钻床夹具的种类很多,根据钻模板的工作方式分为以下五类。

(一) 固定式钻模

这类钻模在加工过程中固定不动。夹具体上设有安放紧固螺钉或便于夹压的部位。这类钻模主要用于立式钻床加工单孔,或在摇臂钻床上加工平行孔系。

(二) 回转式钻模

回转式钻模用于加工工件同一圆周上平行孔系或加工分布在同一圆周上的径向孔系。回转式钻模的基本形式有立轴、卧轴和倾斜轴三种。工件一次装夹中,靠钻模依次回转加工各孔,因此这类钻模必须有分度装置。回转式钻模使用方便、结构紧凑,在成批生产中广泛使用。一般为缩短夹具设计和制造周期,提高工艺装备的利用率,夹具的回转分度部分多采用标准回转工作台。

(三) 翻转式钻模

翻转式钻模是一种没有固定回转轴的回转钻模。在使用过程中,需要用手进行翻转,因此夹具连同工件的重量不能太重,一般限于 8~10kg。主要适用于加工小型工件上分布的几个方向的孔,这样可减少工件的装夹次数,提高工件上各孔之间的位置精度。

(四) 盖板式钻模

盖板式钻模没有夹具体,只有一块钻模板,在钻模板上除了装钻套外,还有定位元件和夹紧装置。加工时,钻模板盖在工件上定位、夹紧即可。盖板式钻模的特点是定位元件、夹紧装置及钻套均设在钻模板上,钻模板在工件上装夹,因此结构简单、制造方便、成本低廉、加工孔的位置精度较高。常用于床身、箱体等大型工件上的小孔加工,对于中小批量生产,凡需钻、扩、铰后立即进行倒角、锪平面、攻螺纹等工步时,使用盖板式钻模也非常方便。加工小孔的盖板式钻模,因切削力矩小,可不设夹紧装置。

（五）滑柱式钻模

滑柱式钻模是带有升降台的通用可调夹具，在生产中应用较广。在滑柱式钻模的平台上可根据需要安装定位装置，钻模板上可设置钻套、夹紧元件及定位元件等。滑柱式钻模已标准化，其结构尺寸可查阅《夹具设计手册》。

三、镗床夹具

镗床夹具又称镗模，主要用于加工箱体、支架类零件上的孔或孔系，它不仅在各类镗床上使用，也可在组合机床、车床及摇臂钻床上使用。镗模的结构与钻模相似，一般用镗套作为导向元件引导锥孔刀具或镗杆进行镗孔。镗套按照被加工孔或孔系的坐标位置布置在镗模支架上。

根据镗套的布置形式不同，分为双支承镗模、单支承镗模和无支承镗模。

（一）双支承镗模

双支承镗模上有两个引导镗杆的支承，镗杆与机床主轴采用浮动连接，镗孔的位置精度由镗模保证，消除了机床主轴回转误差对镗孔精度的影响。根据支承相对于刀具的位置分为以下两种。

1. 前后双支承镗模

镗模的两个支承分别设置在刀具的前方和后方，镗刀杆和主轴之间通过浮动镗头连接。工件以底面、槽及侧面在定位板及可调支承钉上定位，限制 6 个自由度。采用联动夹紧机构，拧紧夹紧螺钉，压板同时将工件夹紧。镗模支架上装有滚动回转镗套，用以支承和引导镗刀杆。镗模以底面 A 作为安装基面安装在机床工作台上，其侧面设置找正基面 B，因此可不设定位键。

前后双支承镗模应用得最普通，一般用于镗削孔径较大，孔的长径比 $L/D>1.5$ 的通孔或孔系，其加工精度较高，但更换刀具不方便。

当工件同一轴线上孔数较多，且两孔距离 $L>10d$ 时，在镗模上应增加中间支承，以提高镗杆刚度（d 为铁杆直径）。

2. 后双支承镗模

两支承设置在刀具后方，镗杆与主轴浮动连接。为保证镗杆刚性，镗杆悬伸量 $L_1<5d$；为保证镗孔精度，两支承导向长度 $L>(1.25\sim1.5)L_1$。后双支承导向镗模可在箱体的同一个壁上镗孔，便于装卸工件和刀具，也便于观察和测量。

（二）单支承镗模

这类镗模只有一个导向支承，镗杆与主轴采用固定连接。根据支承相对于刀具的位置分为以下两种。

1. 前单支承镗模

镗模支承设置在刀具的前方，主要用于加工孔径 $D>60$mm、长度 $L<D$ 的通孔。一般镇杆的导向部分直径 $d<D$。因导向部分直径不受加工孔径大小的影响，故在多工步加工时，可不更换镗套。这种布置便于在加工中观察和测量，但在立镗时，切屑会落入镗套，应设置防护罩。

2. 后单支承镗模

镗套设置在刀具的后方。用于立镗时，切屑不会影响镗套。

当镗削 $D<60$mm、$L<D$ 的通孔或盲孔时，可使镗杆导向部分的尺寸 $d>D$。这种形式的镗杆刚度好，加工精度高，装卸工件和更换刀具方便，多工步加工时可不更换镗杆。

当加工孔长度 $L=(1\sim1.25)D$ 时，应是镗杆导向部分直径 $d<D$，以便镗杆导向部分可进入加工孔，从而缩短镗套与工件之间的距离 h 及蓬杆的悬伸长度 L_1。以便于刀具及工件的装卸和测量，单支承镗模的镗套与工件之间的距离 h 一般为 $20\sim80$mm，常取 $h=(0.5\sim1.0)D$。

（三）无支承镗模

工件在刚性好、精度高的金刚镗床、坐标镗床或数控机床、加工中心上镗孔时，夹具上不设置镗模支承，加工孔的尺寸和位置精度均由镗床保证。这类夹具只需设计定位装置、夹紧装置和夹具体。

四、铣床夹具

铣床夹具主要用于加工工件上的平面、凹槽、键槽、直线成型面和齿轮等，而一般的铣削过程都是铣床工作台和夹具一起做进给运动。根据进给方式不同，通常将铣床夹具分为直线进给式、圆周进给式和靠模进给式三种，其中，以直线进给式应用最多。按铣削时的进给方式不同，铣床夹具可分为直线进给、圆周进给和靠模进给三种类型。

（一）直线进给式铣床夹具

这类夹具安装在铣床工作台上，在加工中随工作台按直线进给方式运动。按照在夹具中同时安装工件的数目和工位多少分为单件加工、多件加工和多工位加工夹具。

（二）圆周进给铣床夹具

圆周进给铣床夹具多用在回转工作台或回转鼓轮的铣床上，依靠回转台或鼓轮的旋转将工件顺序送入铣床的加工区域，实现连续切削。在切削的同时，可在装卸区域装卸工件，使辅助时间与机动时间重合，因此它是一种高效率的铣床夹具。

（三）靠模进给式铣床夹具

靠模进给式铣床夹具是一种带有靠模的铣床夹具，适合在专用或通用铣床上加工各种非圆曲面。按照进给运动方式可分为直线进给式和圆周进给式两种。

第四章　机械加工质量控制与优化

第一节　机械加工精度

一、加工精度与加工误差

加工精度是指零件加工后的实际几何参数（尺寸、形状和位置）与理想几何参数的符合程度。在机械加工过程中，由于各种因素的影响，使得加工出的零件不可能与理想要求的完全符合，符合程度越高，加工精度就越高。

加工误差是指零件加工后的实际几何参数（尺寸、形状和位置）对理想几何参数的偏离程度。从保证产品的使用性能分析，没有必要把零件都加工得绝对精确，可以允许有一定的加工误差。加工精度和加工误差是从不同的角度来评定加工零件的几何参数，加工精度的高和低是通过加工误差的小和大来表示的。

零件的加工精度包括尺寸精度、形状精度和位置精度三方面的内容。这三者之间是有联系的，形状误差应限制在位置公差之内，而位置误差又应限制在尺寸公差之内。当尺寸精度要求高时，相应的位置精度、形状精度也要求高。但形状精度要求高时，相应的位置精度和尺寸精度不一定要求高，具体要根据零件的功能要求来确定。

二、获得加工精度的方法

（一）尺寸精度获得方法

尺寸精度是对零件加工精度的基本要求，设计人员根据零件在机器中的作用与要求对零件制定了尺寸精度的几何参数，它包括直径公差、长度公差和角度公差等。为了使零件达到规定的尺寸精度，工艺人员必须采取各种工艺手段予以实现。

1. 试切法

通过"试切——测量——调整——再试切"反复进行，直到被加工尺寸满足设计要求为止的加工方法称为试切法。试切法加工不需要复杂的装置，生产效率低，加工精度主要取决于工人的技术水平和测量工具的精度，常用于单件小批量生产，特别是新产品试制。

2. 调整法

先按工件尺寸预先调整好机床、夹具、刀具和工件的相对位置，并在一批工件的加工过程中保持不变，以保证在加工时自动获得符合要求尺寸的方法称为调整法。采用这种方法加工时不再进行试切，批量生产时效率大大提高，其加工精度，主要取决于机床和刀具的精度以及调整误差的大小，对机床操作工人技术水平要求不高。

调整法可分为静调整法和动调整法两类：

（1）静调整法

又称样件法，是在不切削的情况下，采用对刀块或样件调整刀具位置的方法。例如，在镗床上用对刀块调整镗刀的位置，以保证铣孔的直径尺寸；在铣床上用对刀块调整铣刀的位置，以保证工件的高度尺寸。在转塔车床、组合机床、自动车床及铣床上，常采用行程挡块调整尺寸，这也是一种经验调整法，其调整精度一般较低。

（2）动调整法

又称尺寸调整法，加工前用试切法加工一件或一组零件，调整好工件和刀具的相对位置，若所有试切零件合格，则调整完毕，即可开始加工。这种方法多用于大批量生产。由于考虑了加工过程的影响因素，动调整法的加工精度比静调整法的加工精度高。

3. 定尺寸刀具法

所谓定尺寸刀具法是指利用定尺寸的刀具加工工件的方法。如用麻花钻、扩孔钻、拉刀及铰刀等加工孔，有些定尺寸的孔加工刀具可以获得非常高的精度，生产效率也非常高。但是由于刀具有磨损，磨损后尺寸不能保证，因此成本较高，多用于大批大量生产。此外，采用成形刀具加工也属于这种方法。

4. 自动控制法

用测量装置、进给装置和控制系统组成一个自动加工系统，加工过程中的测量、补偿调整、切削等一系列工作依靠控制系统自动完成。基于程控和数控机床的自动控制法加工，其质量稳定，生产率高，加工柔性好，能适应多品种生产，是目前机械制造的发展方向。

（二）形状精度获得方法

机械零件在加工过程中会产生大小不同的形状误差，它们会影响机器的工作精度、连接强度、运动平稳性、密封性、耐磨性和使用寿命等，甚至对机器产生的噪声大小也有影响。因此，为了保证零件的质量和互换性，设计时应对形状公差提出要求，以限定形状公差。加工时需采取必要的工艺方法给予保证。几何形状精度包括圆度、圆柱度、平面度、直线度等。

获得零件几何形状精度的方法有成形运动法和非成形运动法两种。

1. 成形运动法

这种方法使刀具相对于工件做有规律的切削成形运动，从而获得所要求的零件表面形状，常用于加工圆柱面、圆锥面、平面、球面、曲面、网转曲面、螺旋面和齿形面等。成形运动法主要包括轨迹法、仿形法、成形刀具法和展成法。

（1）轨迹法

这种方法是依靠刀尖与工件的相对运动轨迹来获得所要求的加工表面几何形状。刀尖的运动轨迹精度取决于刀具和工件的相对运动轨迹精度。

（2）仿形法

仿形法是刀具按照仿形装置进给对工件进行加工的一种方法，其形状精度主要取决于靠模精度。

（3）成形刀具法

该方法是用成形刀具来替代通用刀具对工件进行加工。刀具切削刃的形状与加工表面所需获得的几何形状相一致，很明显其加工精度取决于刀刃的形状精度。

（4）展成法

该方法是利用工件和刀具做展成切削运动进行加工的。滚齿加工多采用此法。

2. 非成形运动法

通过对加工表面形状的检测，由工人对其进行相应的修整加工，以获得所要求的形状精度。尽管非成形运动法是获得零件表面形状精度的最原始方法，效率相对比较低，但当零件形状精度要求很高（超过现有机床设备所能提供的成形运动精度）时，常采用此方法。

（三）位置精度获得方法

零件的相互位置精度主要由机床精度、夹具精度和工件安装精度以及机床运动与工件装夹后的位置精度予以保证的。位置精度获得方法如下：

1. 一次装夹法

零件表面的位置精度在一次安装中由刀具相对于工件的成形运动位置关系保证。例如，车削阶梯轴或外圆与端面，则阶梯轴同轴度是由车床主轴回转精度来保证的，而端面对于外圆表面的垂直度要靠车床横向进给（刀尖横向运动轨迹）与车床主轴回转中心线垂直度来保证。

2. 多次装夹法

通过刀具相对工件的成形运动与工件定位基准面之间的位置关系来保证零件表面的位置精度。例如，在车床上使用双顶尖两次装夹轴类零件，以完成不同表面的加工。不同安装中加工的外圆表面之间的同轴度，通过相同顶尖孔轴心线，使用同一工件定位基准来实现的。

3. 非成形运动法

利用工人，而不是依靠机床精度，对工件的相关表面进行反复的检测和加工，使之达到零件的位置精度要求。

三、影响加工精度的原始误差及分类

（一）原始误差

零件的机械加工是在由机床、夹具、刀具和工件组成的工艺系统中进行的。工艺系统中凡是能直接引起加工误差的因素都称为原始误差。原始误差的存在，使工艺系统各组成部分之间的位置关系或速度关系偏离理想状态，致使加工后的零件产生加工误差。若原始误差在加工前已存在，即在无切削负荷的情况下检验的，称为工艺系统静误差；在有切削负荷情况下产生的则称为工艺系统动误差。

工艺系统的误差是"因"，是根源，加工误差是"果"，是表现，因此把工艺系统的误差称为原始误差。

（二）误差敏感方向

切削加工过程中，由于各种原始误差的影响，会使刀具和工件间的正确相对位置遭到破坏，引起加工误差。各种原始误差的大小和方向各有不同，加工误差则必须在工序尺寸方向上测量，所以原始误差的方向不同对加工误差的影响也不同。我们把对加工精度影响最大的那个方向（即通过刀刃的加工表面的法向）称为误差的敏感方向。

由原始误差引起的加工误差大小，必须在工序尺寸方向上测量。原始误差的方向不同，对加工误差的影响也不同。

四、研究加工精度的方法

研究加工精度的方法一般有两种。一是因素分析法，通过分析计算、实验或测试等方法，研究某一确定因素对加工精度的影响。这种方法一般不考虑其他因素的共同作用，主要分析各项误差单独的变化规律。二是统计分析法，运用数理统计方法对生产中一批工件的实测结果进行数据处理与分析，进而控制工艺过程的正常进行。这种方法主要是研究各项误差综合变化规律，适用于大批、大量的生产条件。

这两种方法在生产实际中往往结合起来应用。一般先用统计分析法找出误差的出现规律，判断产生加工误差的可能原因，然后运用因素分析法进行分析、试验，以便迅速、有效地找出影响加工精度的关键因素。

第二节　影响加工精度的关键因素

一、加工原理误差

加工原理是指加工表面的成形原理。加工原理误差是指采用了近似的成形运动或近似的刀刃廓形进行加工而产生的加工误差。从理论上讲，应采用完全正确的刀刃形状并作相应的成形运动，以获得准确的零件表面。但是，这往往会使机床、夹具和刀具的结构变得复杂，造成制造上的困难；或者由于机构环节过多，增加运动中的误差，结果反而得不到高的精度。因此，在生产实际中，为了提高生产率，降低加工成本，常采用近似的加工原理来获得规定范围的加工精度。

例如，使用成形齿轮盘铣刀铣削齿轮时，为了减少铣刀数量，用一把铣刀铣削一定齿数范围内的齿轮，而这把铣刀是按照该齿数范围内最小齿数的齿轮齿廓设计的，所以加工该齿数范围内其他齿数的齿轮时，就会出现加工原理误差。又如齿轮滚刀为便于制造，采用阿基米德或法向直廓基本蜗杆代替渐开线蜗杆而产生的刀刃齿廓近似误差；滚切齿轮时，由于滚刀刃数有限，切削不连续，包络成的实际齿形是一条折线，而不是渐开线，导致造型原理误差。

采用近似的成形原理，虽然会带来加工原理误差，但可简化机构或刀具形状，提高生产率、降低生产成本，因此在允许的范围内，有加工原理误差的加工方法仍在广泛使用。

二、工艺系统的几何误差

工艺系统的几何误差主要指机床、夹具和刀具在制造时产生的误差，以及使用中的调整和磨损误差等。

（一）机床的几何误差

加工的切削运动一般是由机床完成的，机床的几何误差通过成形运动反映到工件表面上。因此机床的几何误差直接影响加工精度，特别那些直接与工件和刀具相关联的机床零部件，其回转运动和直线运动对加工精度影响最大。以下重点分析机床几何误差中对加工精度影响最大的主轴回转误差、导轨误差和传动链误差。

1. 主轴回转误差

（1）主轴回转误差的形式

机床主轴是用来装夹工件或刀具，并将运动和动力传给工件或刀具的重要零件。主轴回转误差是指主轴实际回转轴线相对其理想回转轴线在误差敏感方向上的最大漂移量。但理想轴线难以得到，通常以平均回转轴线（即各瞬时回转轴线的平均位置）代替。所谓漂移，即回转轴线在每转一转中，偏离理想轴线的方位和大小都在变化的一种现象。它将直接影响被加工工件的几何精度。为便于分析，可将主轴回转误差分解为径向跳动、轴向跳动和角度摆动三种不同形式的误差。

①径向圆跳动误差。它是主轴瞬时回转轴线相对于平均回转轴线在径向上的变动量。车外圆时，它使加工面产生圆度和圆柱度误差。产生径向圆跳动误差的主要原因是主轴支承轴颈的圆度误差和轴承工作表面的圆度误差等。

②轴向窜动误差。它是主轴瞬间回转轴线沿平均回转轴线方向上的变动量。车端面时，它使工件端面产生垂直度、平面度误差。产生轴向窜动的原因是主轴轴肩端面和推力轴承承载面对主轴回转轴线有垂直度误差。

③角度摆动误差。它是主轴瞬时回转轴线相对于平均回转轴线在角度方向上的偏移量。车削时，它使加工表面产生圆柱度误差和端面的形状误差。

主轴工作时，其回转运动误差常常是以上三种误差基本形式的合成。

（2）主轴回转误差的影响因素

影响主轴回转精度的主要因素有主轴轴颈的误差、轴承的误差、轴承的间隙、与轴承配合零件的误差等。

当主轴采用滑动轴承结构时，对于工件回转类机床（如车床、磨床），由于切削力的方向大致不变，主轴颈以不同部位和轴承内孔的某一固定部位相接触，因此，影响主轴回转精度的主要因素是主轴支承轴颈的圆度误差，而轴承孔的误差影响较小。对于刀具回转类机床（如洗床等），由于切削力方向随主轴的回转而改变，主轴颈在切削力作用下总是以某一固定部位与轴承孔的不同部位接触。因此，对主轴回转精度影响较大的是轴承孔的圆度误差，而支承轴颈的影响较小。

滚动轴承主要受轴承内外环滚道的圆度、波度、滚动体尺寸误差、前后轴承的内环孔偏心及装配质量等因素的影响而产生回转误差。另外，由于滚动体的自转和公转周期与主轴不一样，主轴的回转精度也会受到影响。

（3）主轴回转误差对加工精度的影响

不同形式的主轴回转误差以及不同的加工方式对加工精度的影响都是不相同的。在车床上加工外圆和内孔时，主轴径向跳动可以引起工件的圆度和圆柱度误差，但对加工工件端面则无直接影响。主轴轴向窜动对加工外圆和内孔的影响不大，但对所加工端面的垂直度及平面度则有较大的影响，对车螺纹会产生螺距误差。

2. 机床导轨误差

机床导轨是机床中确定主要部件相对位置的基准，也是运动的基准，它的各项误差直接影响被加工工件的精度，直线导轨的导向精度一般包括导轨在水平面内的直线度、在垂直面内的直线度以及前后导轨的平行度（扭曲）等几项主要内容。

（1）导轨在水平面内的直线度误差

车床、磨床等的导轨在水平面内直线度误差将使刀尖在水平面内产生位移 Δy，直接反映在被加工工件表面的法线方向（误差敏感方向），产生工件半径误差 ΔR，$\Delta R = \Delta y$，对加工精度的影响很大，1：1 地反映为工件表面的圆柱度误差。

（2）导轨在垂直平面内的直线度误差

车床、磨床等机床的导轨在垂直面内的直线度误差，使刀尖位置下降 Δz，产生工件半径误差 ΔR，其相互关系为：

$$\Delta R = \frac{\Delta z^2}{2R} \tag{4-1}$$

此时 ΔR 很小，对加工精度的影响可以忽略不计。

（3）前后导轨的平行度误差

就车床而言，前后导轨在垂直平面内的平行度误差（扭曲度），会使刀架与工件的相对位置发生偏斜，刀尖相对工件被加工表面产生偏移，影响加工精度。车床导轨间在垂直方向上的平行度误差 Δl，将使工件与刀具的正确位置在误差敏感方向上产生 $\Delta y \approx (H/B) \cdot \Delta l$ 的偏移量，使工件半径产生 $\Delta R = \Delta y$

的误差。

一般车床 $\dfrac{H}{B}=\dfrac{2}{3}$，外圆磨床 $H=B$，所以前后导轨平行度误差对加工表面加工精度影响比较大。

（4）导轨对主轴回转轴线的位置误差

导轨与主轴回转轴线的平行度误差也影响工件的加工精度。若车床与主轴回转轴线在水平面内存在平行度误差，会使车出的内、外圆柱面产生锥度；若车床与主轴回转轴线在垂直面内有平行度误差，加工后表面为双曲回转局部实际半径为 $r_s=\sqrt{r_0^2+h_s^2}=\sqrt{r_0^2+t^2\tan^2\infty}$ 。

除了导轨本身的制造误差外，导轨的不均匀磨损和安装质量，也是造成导轨误差的重要因素。

3. 机床传动链误差

（1）传动链误差的概念

传动链的传动误差是指内联系的传动链中首、末两端传动件之间相对运动的误差，是按展成法原理加工工件（如螺纹、齿轮、蜗轮等零件）时影响加工精度的主要因素。例如，在滚齿机上用单头滚刀加工直齿轮时，要求滚刀旋转一周，工件转过一个齿，加工时必须保证工件与刀具间有严格的传动关系，而此传动关系是由刀具与工件间的传动链来保证的。

传动链中的各传动件，如齿轮、蜗轮、蜗杆等有制造误差（主要是影响运动精度的误差）、装配误差（主要是装配偏心）和磨损时，就会破坏正确的运动关系，使工件产生误差，这些误差的累积，就是传动链的传动误差。传动链传动误差一般用传动链末端件的转角误差来衡量。传动链的总转角误差 $\Delta\varphi_\Sigma$ 是各传动件误差 $\Delta\varphi_j$ 所引起末端传动件转角误差 $\Delta\varphi_{jn}$ 的叠加，即 $\Delta\varphi_\Sigma=\sum_{j=1}^{n}\Delta\varphi_j^2$，而传动链中某一传动件的转角误差引起末端传动件转角误差 $\Delta\varphi_{jn}$ 的大小，取决于该传动件的误差传递系数 K_j，K_j 在数值上等于从它到末端件之间的总传动比 i，即 $\Delta\varphi_{jn}=K_j\Delta\varphi_j=i_j\Delta\varphi_j$。考虑到各传动件转角误差的随机性，则传动链末端件的总转角误差可用概率法进行估计，即

$$\Delta\varphi_\Sigma=\sqrt{\sum_{j=1}^{n}i_j^2\Delta\varphi_j^2} \qquad (4-2)$$

传动比 i_j，反映了第 j 个传动件的转角误差对传动链误差影响的程度，所以，i_j 越小，转角误差就越小，对加工精度的影响也就越小。

（2）减少传动链传动误差的措施

①缩短传动链：传动链中传动组越少，传动链越短，则误差来源越少。

②采用降速传动：传动链采用降速传动，则传动副的误差反映到末端件是

缩小的，如为升速，则误差将会扩大。

③合理地分配各传动副的传动比：从误差传递规律来看，末端传动组的传动比在传动过程中对其他传动组的传动误差都有影响，如果将其设计很小，对于减少传动误差有很明显的作用。因此，末端传动副应尽量采用传动比较小的传动副（如蜗杆蜗轮副、丝杠螺母副等）。

④合理地确定各传动副的精度：误差传递规律的分析说明，不是所有传动副的精度对加工误差都有相同的影响。中间传动副的误差在传递过程中都被缩小了，只有末端传动副的误差直接反映到执行件上，对加工精度影响最大。因此，末端传动副的精度要高于中间传动副。

⑤合理选择传动件：内联系传动链中不能有传动比不准确的传动副，如摩擦传动副。分度蜗轮的直径要尽量取得大些。在齿轮加工机床上，由于受力较小，在保证耐磨性的前提下，分度蜗轮的齿数可以取得多些，模数可以取得小些。同样，在保证耐磨性的前提下，丝杠的导程也应取得小些。

⑥采用校正装置：为了进一步提高精度，可以采用校正装置C校正装置可以是机械的，也可采用一些现代化的手段进行补偿。

（二）工艺系统其他几何误差

1. 刀具误差

刀具的误差主要表现为刀具的制造误差和磨损，对加工精度的影响随刀具的种类不同而异。采用定尺寸刀具、成形刀具、展成刀具加工时，刀具的制造误差会直接影响工件的加工精度；而对一般刀具（如普通车刀等），其制造误差对工件加工精度无直接影响。

任何刀具在切削过程中，都不可避免地要产生磨损，并由此影响工件的尺寸和形状精度。正确地选用刀具材料，合理地选用刀具几何参数和切削用量，正确地刃磨刀具，合理地选用切削液等，均可有效地减少刀具的磨损。必要时还可采用补偿装置对刀具磨损进行自动补偿。

2. 装夹误差和夹具误差

装夹误差包括定位和夹紧产生的误差。夹具误差包括定位元件、刀具导向元件、分度机构和夹具体等的制造误差以及夹具装配后各元件的相对位置误差、夹具使用过程中其工作表面磨损所产生的误差以及经常被忽略的基准位置误差。装夹误差和夹具误差主要影响工件加工表面的位置精度。

为了减少夹具误差及其对加工精度的影响，在设计和制造夹具时，对于影响工件精度的夹具尺寸和位置应严加控制，其制造公差可取工件相应尺寸或位置公差的1/5～1/2。对于易磨损的定位零件和导向零件，除选用耐磨性好的材料外，可制成可拆卸的夹具结构，以便及时更换磨损件。

3. 调整误差

在加工开始前，为使切削刃和工件保持正确的位置，需要进行调整。在加工过程中，由于刀具磨损等使已调整好的刀具与工件位置发生了变化，因此需要进行再调整或校正，使刀具与工件保持正确的相对位置，保证各工序的加工精度及其稳定性。调整方式不同，其误差来源也不同。

（1）试切法调整

采用试切法加工时，其调整误差的主要来源如下：

测量误差工件在加工过程中要用各种量具、量仪等进行检验测量，再根据测量结果对工件进行试切或调整机床。量具本身的误差、读数误差以及测量力等所引起的误差都会导致测量误差。测量过程中测量部位、目测或估计不准造成的误差。

测量精度要求较高的量具，需满足"阿贝原则"。"阿贝原则"指零件上的被测线应与测量工具上的测量线重合或在其延长线上。量具制造误差的影响，外径百分尺是符合"阿贝原则"的，游标卡尺不符合"阿贝原则"。

进给机构的位移误差试切最后一刀时，由于进给机构常会出现"爬行"现象或刻度不准确，使刀具的实际进给比手轮转动的刻度值偏小或偏大，造成加工误差。

切削层厚度变化所引起的误差由于受切削刃锋利程度的影响，试切最后一刀金属层很薄时，切削刃往往切不下金属而仅起挤压滑擦作用。当按此调整位置进行正式切削时，则因新切削段的切深比试切时大，此时切削刃不打滑，切掉的金属要多一点，使正式切削的工件尺寸比试切时的尺寸小，产生尺寸误差。

（2）定程机构位置调整

当用行程挡块、靠模、凸轮等机构来控制刀具进给时，定程机构的制造精度和刚度、与其配合使用的离合器、电气开关、控制阀等的灵敏度以及整个系统的调整精度等都会产生调整误差。这种调整方法简单、费时，大批大量生产应用较多。

（3）样件调整

在各种仿形机床、多刀车床和专用机床的加工中，常用专用样板调整各切削刃之间的相对位置，样板的制造和安装误差，以及对刀误差会引起调整误差。

三、工艺系统的过程误差

机械加工工艺系统在切削力、传动力、惯性力、夹紧力以及重力等外力作用下，会产生相应的弹性变形、塑性变形、温升、热变形等现象，从而破坏刀具和工件之间已调整好的正确位置关系，使工件产生几何形状误差和尺寸误差。

（一）工艺系统的刚度

工艺系统在外力作用下产生变形的大小，不仅和外力的大小有关，而且和工艺系统抵抗外力使其变形的能力，即工艺系统刚度有关。工艺系统在各种外力作用下，将在各个受力方向上产生相应的变形，这里主要研究误差敏感方向上的变形。

根据虎克定律，作用力 F 与在作用力方向上产生的变形量 y 的比值称为物体的静刚度 k（简称刚度），即

$$k = \frac{y}{F} \qquad\qquad (4-3)$$

式中 k ——刚度，N/mm；

$\quad\ F$ ——作用力，N；

$\quad\ y$ ——沿作用力 F 方向的变形量，mm。

这里主要研究的是误差敏感方向，即通过刀尖的加工表面的法向。因此，工艺系统的刚度 k_{st} 定义为：工件和刀具的法向切削分力（即背吃刀或切深抗力）F_p 与在总切削力的作用下，它们在该方向上的相对位移为 y_{st} 的比值，即

$$k_{st} = \frac{F_p}{y_{st}} \qquad\qquad (4-4)$$

因为工艺系统是由机床、刀具、夹具和工件组成的，所以工艺系统在某一处的受力变形量是各组成环节变形量的合成，即 $y_{st} = y_{jc} + y_{dj} + y_{jj} + y_{gj}$，则工艺系统的刚度 k_{st} 有

$$k_{st} = \frac{1}{\dfrac{1}{k_{jc}} + \dfrac{1}{k_{dj}} + \dfrac{1}{k_{jj}} + \dfrac{1}{k_{gj}}} \qquad\qquad (4-5)$$

式中 y_{jc}、y_{dj}、y_{jj}、y_{gj} ——机床、刀具、夹具和工件的变形量，mm；

$\quad\ k_{jc}$、k_{dj}、k_{jj}、k_{gj} ——机床、刀具、夹具和工件的刚度，N/mm。

从式（4-5）可知，如果已知工艺系统各组成部分的刚度，即可求得工艺系统的总刚度。一般在用刚度计算公式求解某一系统刚度时，应针对具体情况进行分析。例如，车外圆时，车刀本身在切削力作用下的变形对加工误差的影响很小，可略去不计，这时计算公式中可省去刀具刚度一项。再如镗孔时，镗杆的受力变形严重地影响着加工精度，而工件（如箱体零件）的刚度一般较大，其受力变形很小，可忽略不计。

（二）工艺系统受力变形引起的加工误差

1. 切削力大小变化引起的加工误差

在切削加工中，误差导致工件的加工余量不均匀，工件材质不均匀等因素，统变形发生变化，从而造成的加工误差。

尺寸误差和形位误差都存在误差复映现象。如果知道了某加工工序的复映系数，就可以通过测量毛坯的误差值来估算加工后工件的误差值。

当在加工过程中，采用多次行程时，则其加工后的总误差复映系数 $\varepsilon_{总}$ 为各次行程时误差复映系数 ε_1，ε_2，ε_3，…，ε_n 的乘积，即

$$\varepsilon_{总} = \varepsilon_1 \varepsilon_2 \varepsilon_3 \cdots \varepsilon_n \tag{4-6}$$

一般来说，ε 是一个小于 1 的数，这表明该工序对误差具有修正能力。工件随加工次数（走刀次数）的增加，精度会逐步提高。

2. 切削力作用点位置变化引起的加工误差

在车床两顶尖间车削光轴零件时，在切削分力 F_y 的作用下，产生的变形误差为：

$$y_{系} = y_{机} + y_{工} = y_{头} + (y_{尾} - y_{头})\frac{x}{L} + y_{架} + y_{工} = \left(1 - \frac{x}{L}\right)y_{头} + \frac{x}{L} \cdot y_{尾} + y_{架} + y_{工}$$

$$y_{头} = \frac{F_y}{K_{头}}\left(1 - \frac{x}{L}\right)$$

$$y_{尾} = \frac{F_y}{K_{尾}} \cdot \frac{x}{L}$$

$$y_{架} = \frac{F_y}{K_{架}}$$

$$y_{系} = F_y\left[\frac{1}{K_{架}} + \frac{1}{K_{头}}\left(\frac{L-x}{L}\right)^2 + \frac{1}{K_{尾}} \cdot \frac{x}{L} + \frac{F_y}{3EI} \cdot \frac{(L-x)x^2}{L}\right] \tag{4-7}$$

式中 E ——工件材料的弹性模量；

I ——工件截面的惯性矩。

从式（4-7）可以看出，工艺系统的变形是随着着力点位置的变化而变化的，x 值的变化将引起 $y_{系}$ 的变化，进而引起切削深度的变化，结果使工件产生圆柱度误差。

加工细长轴时，由于刀具在工件两端切削时工艺系统刚度较高，刀具对工件的变形位移很小；而在工件中间切削时，则工艺系统刚度（主要是工件刚度）很低，刀具相对工件的变形位移很大，从而使工件在加工后产生较大的腰鼓形误差。

加工刚度很高的短粗轴时，也会因加工各部位时的工艺系统刚度（主要是车床刚度）不等，而使加工后的工件产生相应的形状误差，其形状恰与加工细

长轴时相反呈现轴腰形。

3. 切削过程中其他力引起的加工误差

（1）夹紧力引起的误差

工件在装夹过程中，如果工件刚度较低或夹紧力的方向和施力点选择不当，将引起工件变形，造成相应的加工误差。薄壁环镗孔时用三爪卡盘装夹，夹紧后毛坯产生弹性变形，加工后松开三爪卡盘，已镗成圆形的孔变成了三角棱圆形孔。

此类误差常在局部刚度较差的工件加工时出现，减小此类误差，可更换开口环夹紧工件，使夹紧力均布在薄壁环上，避免受力集中。

（2）重力引起的误差

在工艺系统中，零部件的自重也会引起变形，如大型立式车床、龙门刨床、龙门铣床、摇臂钻床等机床的横梁（摇臂）等，由于重力而产生的变形。

重力引起的变形在大型工件的加工过程中，有时是产生形状误差的主要原因。在实际生产中，装夹大型工件时，可恰当地布置支承以减小工件自重引起的变形，从而减小加工误差。

（3）惯性力引起的误差

在高速切削时，工艺系统中有不平衡的高速旋转的构件（包括夹具、工件和刀具等）存在，就会产生离心力 F_Q，造成工件的径向跳动误差，并且常常引起工艺系统的受迫振动。

减小惯性力的影响，可采用"配重平衡"的方法，如车床夹具常配有配重块来实现动平衡，必要时还可适当降低转速，以减小离心力的影响。

（4）传动力引起的误差

在车床或磨床上加工轴类零件时，常用单爪拨盘带动工件旋转。传动力在拨盘转动的每一周中不断改变方向，在其敏感方向上的分力与切削力 F_p 相同时，工件被拉离刀具，相反时工件被推向刀具，造成背吃刀量的变化，产生工件的圆度误差。

加工精密工件时，可改用双爪拨盘或柔性连接装置带动工件旋转，来减小此类误差。

（三）工艺系统热变形引起的加工误差

工艺系统热变形对加工精度的影响比较大，特别是在精密加工和大件加工中，由热变形所引起的加工误差有时可占工件总误差的 $40\% - 70\%$，不仅严重降低了加工精度，而且影响生产效率。高效、高精度、自动化加工技术的发展，使工艺系统热变形问题变得尤为突出。控制工艺系统热变形已成为机械加工技术进一步发展的重要研究课题。

1. 工艺系统的热源

引起工艺系统受热变形的热源大体分为内部热源和外部热源两大类。

外部热主要是指工艺系统外部的、以对流传热为主要形式的环境热（与气温变化、迎风、空气对流和周围环境等有关）和各种辐射热（包括由太阳及照明、暖气设备等发出的辐射热）。

（1）内部热源

内部热产生于工艺系统的内部，由驱动机床提供能量完成切削运动和切削功能的过程中，其中一部分转变为热能而形成的热源，主要指切削热、摩擦热和动力装置能量损耗发出的热，其热量主要是以热传导的形式传递的。

切削过程中，工件切削层金属的弹塑性变形、刀具与工件、刀具与切屑间的摩擦所消能的能量，绝大部分转化为切削热，切削热传给工件，刀具和切屑的分配情况将随着切削速度的变化及不同的加工方式而变化。车削时，大量的切削热为切屑所带走，且随车削速度提高，切屑带走的热量增大，传给刀具和工件的热量一般不大。对钻孔、卧式铣削，固有大量切屑留在孔内，故传给工件的热量较高（约占50%）。在磨削时，传给工件的热量更高，一般占84%左右。传动过程中来自轴承副、齿轮副、离合器、导轨副等的摩擦热以及动力源能量（如电机、液压系统）损耗的发热等。摩擦热是机床热变形的主要热源。

（2）外部热源

外部热源主要是指室温、空气对流、热风或冷风以及由阳光、灯光、取暖设备等直接作用于工艺系统的辐射热。

工艺系统受热源影响，温度逐渐升高，到一定温度时达到平衡，温度场处于稳定状态。因而热变形所造成的加工误差也有变值和定值两种。温度变化过程中加工的零件相互之间精度差异较大，热平衡后加工的零件几何精度相对较稳定。

2. 工艺系统热变形及其对加工精度的影响

（1）机床热变形及其对加工精度的影响

机床在工作过程中，受到内外热源的影响，各部分的温度将逐渐升高。机床热源的不均匀性及其结构的复杂性，使机床的温度场不均匀，导致机床各部分的变形程度不等，破坏了机床原有的几何精度，从而降低了机床的加工精度。

机床空运转时，各运动部件产生的摩擦热基本不变。运转一段时间之后，各部件传入的热量和散失的热量基本相等，即达到热平衡状态，变形趋于稳定。机床达到热平衡状态时的几何精度称为热态几何精度。在机床达到热平衡状态之前，机床几何精度变化不定，对加工精度的影响也变化不定。因此，精密加工应在机床处于热平衡之后进行。

不同类型机床的热变形对加工精度的影响也不同。车、铣、钻、镗类机床，主轴箱中的齿轮、轴承摩擦发热，润滑油发热是其主要热源，使主轴箱及与之相连部分如床身或立柱的温度升高而产生较大变形。例如，车床主轴发热使主轴箱在垂直面内和水平面内发生偏移和倾斜。在垂直平面内，主轴箱的温升将使主轴升高；又因主轴前轴承的发热量大于后轴承的发热量，主轴前端将比后端高。此外，由于主轴箱的热量传给床身，床身导轨将向上凸起，故而加剧了主轴的倾斜。对卧式车床热变形试验结果表明，影响主轴倾斜的主要因素是床身变形，它约占总倾斜量的 75%，主轴前后轴承温度差所引起的倾斜量只占 25%。

对于不仅在水平方向上装有刀具，在垂直方向和其他方向上也都可能装有刀具的自动车床、转塔车床，其主轴热位移，无论在垂直方向还是在水平方向，都会造成较大的加工误差。因此在分析机床热变形对加工精度影响时，还应注意分析热位移方向与误差敏感方向的相对位置关系。对于存在误差敏感方向的热变形，需要特别注意控制。龙门刨床、导轨磨床等大型机床，它们的床身较长，如导轨面之间稍有温差，就会产生较大的弯曲变形，故床身热变形是影响加工精度的主要因素。

（2）工件热变形及其对加工精度的影响

在工艺系统热变形中，机床热变形最为复杂，工件、刀具的热变形相对来说要简单一些，使工件产生热变形的热源，主要是切削热。但对于精密零件，周围环境温度和局部受到日光等外部热源的辐射热也不容忽视。

一些形状较简单的轴类、套类、盘类零件的内、外圆加工时，切削热比较均匀地传入工件，如不考虑工件温升后的散热，其温度沿工件全长和圆周的分布都是比较均匀的，可近似地看成均匀受热，其热变形可以按物理学计算热膨胀的公式求得

$$\Delta L = \alpha L \Delta \theta \qquad (4-8)$$

式中 α ——工件材料的线膨胀系数；

　　　L ——工件在热变形方向上的尺寸（长度或直径），mm；

　　　$\Delta \theta$ ——温升，℃。

此类误差在加工长度较短的销轴和盘套类零件时，由于走刀行程很短，可以忽略。车削较长工件时，由于温升逐渐增加，工件直径随之逐渐胀大，因而车刀的背吃刀量将随走刀而逐渐增大，工件冷却收缩后外圆表面就会产生圆柱度误差；当工件以两顶尖定位，工件受热伸长时，如果顶尖不能轴向位移，则工件受顶尖的压力将产生弯曲变形，对加工精度产生影响，宜采用弹性或液压

尾顶尖。

铣、刨、磨平面时，除在沿进给方向有温度差外，更严重的是工件只是在单面受到切削热的作用，上下表面间的温度差将导致工件向上拱起，加工时中间凸起部分被切去，冷却后工件变成下凹，造成平面度误差。

长度为 L、厚度为 S 的板类零件，加工时工件受热上下表面温差为 $\Delta t = t_1 - t_2$，工件变形呈向上凸起。以 f 表示工件中心点变形量，由于中心角 φ 很小，可认为中性层弦长近似为原长 L，则

$$f = \frac{L}{2}\tan\frac{\varphi}{4} \qquad (4-9)$$

由于中心角 φ 很小，$\tan\frac{\varphi}{4} \approx \frac{\varphi}{4}$，所以

$$f = \frac{L\varphi}{8} \qquad (4-10)$$

可得

$$(R+S) - R\varphi = \alpha\Delta tL \qquad (4-11)$$

其中，R 为圆弧半径，则

$$f = \alpha\Delta t\frac{L^2}{8s} \qquad (4-12)$$

可以看出，热变形量 f 随 L 增大而急剧增加。减小 f，必须减小 Δt，即减小切削热的导入。

（3）刀具热变形及其对加工精度的影响

刀具热变形主要是由切削热引起的。通常传入刀具的热量并不太多，但由于热量集中在切削部分，以及刀体小，热容最小，故仍会有很高的温升。例如，车削时，高速钢车刀的工作表面温度可达 700～800℃，而硬质合金刀刃的工作表面温度可达 1000℃ 以上。

加工大型零件，刀具热变形往往造成几何形状误差。例如，车长轴时，可能由于刀具热伸长而产生锥度（尾座处的直径比主轴箱附近的直径大）。

3. 控制工艺系统热变形的主要措施

（1）减少热源的影响

工艺系统的热变形对粗加工加工精度的影响一般可不考虑，而精加工主要是为保证零件加工精度，工艺系统热变形的影响不能忽视。为了减小切削热，宜采用较小的切削用量。如果粗精加工在一个工序内完成，粗加工的热变形将影响精加工的精度。一般可以在粗加工后停机一段时间使工艺系统冷却，同时还应将工件松开，待精加工时再夹紧。这样就可减少粗加工热变形对精加工度的影响。当零件精度要求较高时，则以粗精加工分开为宜。

（2）采取隔热措施

为了减少机床的热变形，凡是可能从机床分离出去的热源，如电动机、变速箱、液压系统、冷却系统等均应移出，使之成为独立单元。对于不能分离的热源，如主轴轴承、丝杠螺母副、高速运动的导轨副等则可以从结构、润滑等方面改善其摩擦特性，减少发热，例如采用静压轴承、静压导轨，改用低黏度润滑油、镗基润滑脂，或使用循环冷却润滑等；也可用隔热材料将发热部件和机床大件（如床身、立柱等）隔离开来。对发热最大的热源，如果既不能从机床内部移出，又不便隔热，则可采用强制式的风冷、水冷等散热措施。

（3）控制温度变化，均衡温度场

控制环境温度变化，从而使机床热变形稳定，主要是采用恒温的方法来解决。一般来说精密机床都要求安装在恒温车间。恒温的精度根据加工精度要求而定。

（4）采取补偿措施

采用热补偿方法使机床的温度场比较均匀，从而使机床仅产生均匀变形，不影响加工精度。

（5）采用合理的机床部件结构

在变速箱中，将轴、轴承、传动齿轮等对称布置，可使箱壁温升均匀，箱体变形减小。机床大件的结构和布局对机床的热态特性有很大影响。以加工中心机床为例，在热源影响下，单立柱结构会产生相当大的扭曲变形，而双立柱结构由于左右对称，仅产生垂直方向的热位移，很容易通过调整的方法予以补偿。因此，双立柱结构的机床主轴相对于工作台的热变形比单立柱结构小得多。

（四）内应力引起的变形误差

内应力（残余应力）是指外部载荷去除后，仍残存在工件内部的应力。

内应力是由金属内部的相邻组织发生了不均匀的体积变化而产生的，体积变化的因素主要来自热加工或冷加工，特点是不稳定，内部力求恢复到一个稳定的没有应力的状态，导致工件变形，影响工件精度。

1. 毛坯制造中产生的内应力

在铸、锻、焊及热处理等热加工过程中，由于工件各部分热胀冷缩不均匀以及金相组织转变时的体积变化，使毛坯内部产生了相当大的残余应力。

2. 冷校直带来的内应力

一些刚度较差容易变形的轴类零件，常采用冷校直方法使之变直。校直的方法是在室温状态下，将有弯曲变形的轴放在两个 V 形块上，使凸起部位朝上，在弯曲的反方向加外力 F。

3. 切削加工中产生的内应力

工件在进行切削加工时，在切削力和摩擦力的作用下，使表层金属产生塑性变形，引起体积改变，从而产生残余应力。这种残余应力的分布情况由加工时的工艺因素决定。

4. 减少或消除残余应力的措施

①合理设计零件结构。在机器零件的结构设计中，应尽量简化结构，使壁厚均匀、结构对称，以减少内应力的产生。

②合理安排热处理和时效处理。对铸、锻、焊接件进行退火、回火及时效处理，零件淬火后进行回火，对精密零件，如丝杠、精密主轴等，应多次安排时效处理。常用的时效处理方法有自然时效、人工时效及振动时效。

③合理安排工艺过程。粗、精加工宜分阶段进行，使粗加工后有一定时间让内应力重新分布，以减少对精加工的影响。

四、保证和提高加工精度的途径

为了保证和提高机械加工精度，首先要找出产生加工误差的主要因素，然后采取相应的工艺措施以减少或控制这些因素的影响。

（一）直接减少或消除误差法

这是生产中应用较广的提高加工精度的一种方法，是在查明产生加工误差的主要因素后，设法对其进行直接消除或减少。例如，细长轴是车削加工中较难加工的一种工件，普遍存在的问题是精度低、效率低。正向进给，一夹一顶装夹高速切削细长轴时，由于其刚性特别差，在切削力、惯性力和切削热作用下易引起弯曲变形。

用中心架，可缩短支承点间的一半距离，工件刚度提高近八倍；用跟刀架，可进一步缩短切削力作用点与支承点的距离，提高了工件刚度。细长轴多采用反拉法切削，一端用卡盘夹持，另一端采用可伸缩的活顶尖装夹。此时工件受拉不受压，工件不会因偏心压缩而产生弯曲变形。尾部的可伸缩活顶尖使工件在热伸长下有伸缩的自由，避免了热弯曲。此外，采用大进给量和大的主偏角车刀，增大了进给力，减小了背向力，切削更平稳，提高细长轴的加工精度。

（二）误差转移法

误差转移法就是转移工艺系统的几何误差、受力变形和热变形等误差从敏感方向转移到误差的非敏感方向。当机床精度达不到零件加工要求时，常常不是一味提高机床精度，而是在工艺上或夹具上想办法，创造条件，使机床的几何误差转移到不影响加工精度的方面去。例如，磨削主轴锥孔时，锥孔与轴颈的同轴度,不靠机床主轴的回转精度来保证,而是靠专用夹具的精度来保证,机床主轴与工件主轴之间用浮动连接,机床主轴的回转误差就转移了,不再影响加工精度。

（三）误差分组法

在加工中,对于毛坯误差、定位误差而引起的工序误差,可采取分组的方法来减少其影响。误差分组法是把毛坯或上道工序加工的工件尺寸经测量按大小分为几组,每组工件的尺寸误差范围就缩减为原来的 $1/n$。然后按各组分别调整刀具与工件的相对位置或选用合适的定位元件,使各组工件的尺寸分散范围中心基本一致,以使整批工件的尺寸分散范围大大缩小。

这种方法比起一味提高毛坯或定位基准的精度要经济得多。例如,某厂采用心轴装夹工件剃齿,由于配合间隙太大,剃齿后工件齿圈径向圆跳动超差。为不用提高齿坯加工精度而减少配合间隙,采用误差分组法,将工件内孔尺寸按大小分成 4 组,分别与相应的 4 根心轴配合,保证了剃齿的加工精度要求。

（四）就地加工法

在机械加工和装配中,有些精度问题牵涉到很多零部件的相互关系,如果单纯依靠提高零部件的精度来满足设计要求,有时不仅困难,甚至不可能达到。而采用就地加工法就可以解决这种难题。

例如,在转塔车床中,转塔上六个安装刀具的孔,其轴心线必须与机床主轴回转中心线重合,而六个端面又必须与回转中心垂直。实际生产中采用了就地加工法,转塔上的孔和端面经半精加工后装配到机床上,然后在该机床主轴上安装谨杆和径向小刀架对这些孔和端面进行精加工,便能方便地达到所需的精度。

这种就地加工方法,在机床生产中应用很多。例如,为了使牛头刨床的工作台面对滑枕保持平行的位置关系,就在装配后的自身机床上进行"自刨自"的精加工。平面磨床的工作台面也是在装配后作"自磨自"的精加工。在车床上,为了保证三爪卡盘卡爪的装夹面与主轴回转中心同心,也是在装配后对卡爪装夹面进行就地车削或磨削。加工精密丝杠时,为保证主轴前后顶尖和跟刀架导套孔严格同轴,采用了自磨前顶尖孔、自磨跟刀架导套孔和刮研尾架垫板等措施来实现。

（五）误差平均法

误差平均法就是利用有密切联系的表面之间的相互比较、相互修正,或者互为基准进行加工,以达到很高的加工精度。例如,对配合精度要求很高的轴和孔,常采用研磨的方法来达到。

研具本身的精度并不高，分布在研具上的磨料粒度大小也可能不一样，但由于研磨时工件与研具间作复杂的相对运动，使工件上各点均有机会与研具的各点相互接触并受到均匀的微量切削。高低不平处逐渐接近，几何形状精度也逐步共同提高，并进一步使误差均化，因此，就能获得精度高于研具原始精度的加工表面。

又如三块一组的精密标准平板，就是利用三块平板相互对研、配刮的方法加工的。因为三块平板要能够分别两两密合，只有在都是精确平面的条件下才有可能。此时误差平均法是通过对研、配刮加工使被加工表面原有的平面度误差不断缩小而使误差均化的。

（六）误差补偿法

误差补偿法是人为地造出一种新的误差，去抵消或补偿原来工艺系统中存在的误差，尽量使两者大小相等、方向相反，从而达到减少加工误差，提高加工精度的目的。

采用机械式的校正装置只能校正机床静态的传动误差。如果要校正机床静态及动态传动误差，则需采用计算机控制的传动误差补偿装置。

（七）控制误差法

用误差补偿的方法来消除或减小常值系统误差一般来说是比较容易的，因为用于抵消常值系统误差的补偿量是固定不变的。对于变值系统误差的补偿就不是用一种固定的补偿量所能解决的。于是生产中就发展了所谓积极控制的误差补偿方法称控制误差法。

控制误差法是在加工循环中，利用测量装置连续地测量出工件的实际尺寸精度，随时给刀具以附加的补偿量，控制刀具和工件间的相对位置，直至实际值与调定值的差不超过预定的公差为止。现代机械加工中的自动测量和自动补偿就属于这种形式。

第三节　机械加工表面质量控制

一、表面质量的含义及其对零件使用性能的影响

机械零件在加工过程中，被加工表面及其微观几何形状误差和表面层物理机械性能发生变化，将直接影响到零件的使用性能，甚至影响到机械装配后的总体性能。

（一）表面质量的内容及含义

加工表面质量包括以下两方面内容：加工表面的几何形貌和表面层材料的力学物理性能和化学性能。

1. 加工表面的几何形貌

加工表面的几何形貌是指在机械加工过程中，刀具与被加工工件接触过程中直接的摩擦、切屑分离过程中相关表面的变形、加工过程中的机械振动等因素的作用，使零件表面上留下的表层微小结构变化。加工表面的几何形貌包括以下四个方面：加工表面的粗糙度、表面波纹度、纹理方向、表面缺陷。

（1）表面粗糙度

表面粗糙度是指加工轮廓的微观几何轮廓，其波长与波高比值一般小于50。

（2）表面波纹度

加工表面上波长与波高的比值等于50～1000的几何轮廓称为波纹度，其为机械加工中振动引起的。加工表面上波长与波高比值大于1000的几何轮廓，称为宏观几何轮廓，属于加工精度范畴，不在此处讨论。

（3）纹理方向

纹理方向指加工中刀具纹理方向，它取决于表面形成过程中采用的加工方法。车削加工中产生的纹理方向一般为轴向，铣削加工产生的纹理方向与进给方向有关。

（4）表面缺陷

指加工表面上出现的缺陷，例如，铸造砂眼、气孔，毛坯件的裂纹等。在制造毛坯件及进行机械加工过程中，经常会出现表面缺陷现象。

2. 表面层材料的力学物理性能和化学性能

在机械加工过程中，由于各种外力因素与热因素的综合作用，加工表面层金属的力学物理性能与化学性能会发生相应的变化，主要为以下几个方面的变化：

（1）表面层金属的冷作硬化

表面层金属的冷作硬化是指在机械加工过程中，金属在高温及高压条件下，金属层发生变化，表层金属变硬的现象，表层金属的冷作硬化由硬化程度与硬化层深度来衡量。一般条件下，表层硬化层深度可达 0.05～0.30mm。

（2）表面层金属的金相组织变化

在机械加工中，由于切削热的作用会引起表面层金属的金相组织发生变化。

（3）表层残余应力

机械加工过程中，由于切削力与切削热的综合作用，金属表层的晶粒结构发生变化，品格发生扭曲现象，需要释放内应力，便产生了表层残余应力。

（二）加工表面质量对零件使用性能的影响

1. 表面质量对耐磨性的影响

（1）表面纹理对耐磨性的影响

零件表面纹理的形状与刀纹的方向对零件的耐磨性有一定影响，在加工过程中，纹理方向与刀纹方向一致或者相反导致两个接触面之间的有效接触面积变化，同时在零件运动过程中，润滑液对零件的运动性能影响也有发生。一般情况下，纹理方向与刀纹方向相同，则润滑液会存在于两配合表面，提高其抗磨损性能。相反则会把润滑液挤出两配合表面，会加速零件间的磨损。

（2）表面波纹度和表面粗糙度对耐磨性的影响

零件表层的波纹度与零件表面粗糙度有关，波纹度越大，零件表面越粗糙，导致零件表面接触面积变小。在两个零件做相对运动时，开始阶段由于接触面小，压强大，在接触点的凸峰处会产生弹性变形、塑性变形及剪切等现象，这样凸峰很快被磨平，被磨掉的金属微颗粒落在相互配合的摩擦表面之间，加速磨损过程。即便有润滑油作用也不大，由于多余的凸出波峰被磨平后，两个配合表面直接为干摩擦。一般情况下，工作表面在初期磨损阶段磨损得很快，随着磨损的继续，实际接触面积越来越大，单位面积压力也逐渐减小，磨损则以较慢的速度进行，进入正常磨损阶段，过了此阶段又将出现急剧磨损阶段，这是因为磨损继续发展，使得实际接触面积越来越大，产生了金属分子间的亲和力，使表面容易咬焊，零件之间配合关系失效，配合的两个零件将不能使用。

零件的表面粗糙度对零件表面耐磨性影响很大。一般来说，表面粗糙度值越小，其耐磨性越好；但表面粗糙度值太小，接触面容易产生分子黏接，且润滑油不易存储，磨损反而增加。因此，就磨损而言，存在一个最优表面粗糙度值。当载荷加大时，起始磨损量增大，最优表面粗糙度值也随之增大。

（3）表面层冷作硬化对耐磨性的影响

在机械加工过程中，加工表面的冷作硬化现象在一定程度上能减少接触表面摩擦副之间的塑形变形与弹性变形，提高其耐磨性。但不是冷作硬化的程度越高，对零件表面的耐磨性就越好，因为硬化的程度过高，会导致零件表面的晶粒过于疏松，严重的情况甚至出现微小裂纹甚至组织剥落现象。一般在零件加工过程中，出现冷作硬化现象后，应采取相应措施保证其冷作硬化程度。

2. 表面质量对零件耐疲劳性的影响

（1）表面粗糙度对零件耐疲劳性的影响

零件表面在交变载荷的作用下，容易受到疲劳破坏。零件表面的划痕、微小裂纹都会引起零件表面应力集中，当零件表面微观凹处的应力超过材料的疲劳极限时，零件表面出现疲劳裂纹。通过实验得到，零件表面粗糙度越高，疲劳强度越低。对于承受交变载荷的零件，减小表面粗糙度可以提高零件的疲劳强度 40%左右；零件材料内部晶粒结构及分布也影响到对零件疲劳强度的影响，晶粒越小，其组织越细密，零件表面粗糙度对疲劳强度的影响越大。此外，加工表面粗糙度的纹理方向对零件耐疲劳性影响较大，当其方向与受力方向垂直时，疲劳强度将明显下降。

（2）表面层金属力学物理性质对耐疲劳性的影响

表面层的残余应力对疲劳强度的影响很大，残余压应力能够抵消部分工作载荷施加的拉应力，延缓疲劳裂纹的扩展，因而能提高零件的疲劳强度；而残余拉应力容易使已经加工的表面产生裂纹而降低疲劳强度。带有不同残余应力表面层的零件其疲劳寿命可相差数倍甚至数十倍。

表面层金属的冷作硬化能够提高零件的疲劳强度，这是因为硬化层能阻碍已有裂纹的扩大和新疲劳裂纹的产生，因此可以大大降低外部缺陷和表面粗糙度的影响。

3. 表面质量对零件耐腐蚀性的影响

影响零件耐腐蚀性的表面质量主要是表面粗糙度和残余应力。当空气潮湿时，零件表面常会发生电化学腐蚀或者化学腐蚀，化学腐蚀是由于粗糙表面的凹谷处聚集物产生相应的化学反应。两个零件的表面在接触过程中，相应的波峰与波谷之间产生电化学反应，逐渐腐蚀金属表层。

当零件表面受到残余拉应力的时候，可以延缓裂纹的延长，可以提高零件的耐腐蚀能力；当零件表面受到残余压应力的时候，会增大零件表面的微小裂纹，从而降低零件表面的耐腐蚀性。

4. 表面质量对零件配合质量的影响

影响零件配合质量的主要是表面粗糙度。对于间隙配合的零件，表面粗糙度越大，初期磨损量就越大，工作时间越长配合间隙就会增加，影响了间隙配合的稳定性；对于过盈配合的零件，轴在压入孔内时表面粗糙度的部分凸峰会被挤平，使实际过盈量比预定的小，影响了过盈配合的可靠性，所以表面粗糙度越小越能保证良好的过盈配合。过渡配合对配合质量的影响是以上两种配合关系的综合。

5. 其他影响

两个配合表面之间的接触质量直接影响到相关零件的密封性。降低粗糙度，可以提高密封性能，防止出现泄漏现象。配合表面之间的表面粗糙度越小，可以使零件之间有较大的接触刚度。对于滑动零件，降低粗糙度可以使摩擦因数降低，运动灵活性增高。表面层的残余应力会使零件在使用过程中缓慢变形，失去原来的精度，降低机器的工作质量，同时对机械加工过程中的零件表面密封性也有较大影响。

对于工作时滑动的零件，恰当的表面粗糙度值能提高运动的灵活性，减少发热和功率损失，对配合表面之间的密封性影响较小。

二、控制加工表面质量的工艺途径

（一）控制加工工艺参数

在加工过程中影响表面质量的因素非常复杂，为了获得要求的表面质量，就必须对加工方法、切削参数进行适当的控制。控制表面质量就会增加加工成本，影响加工效率，因此，对于一般零件宜采用正常的加工工艺保证表面质量，就不必再提出过高要求。而对于一些直接影响产品性能、寿命和安全工作的重要零件的重要表面，就有必要加以控制了。例如，承受高应力交变载荷的零件需要控制受力表面不产生裂纹与残余拉应力；轴承沟道为了提高接触疲劳强度，必须控制表面不产生磨削烧伤和微观裂纹等。类似这样的零件表面，就必须选用适当的加工工艺参数，严格控制表面质量。

（二）采用精加工与光整加工方法

1. 采用精密加工

精密加工需具备一定的条件。它要求机床运动精度高、刚性好、有精确的微量进给装置，工作台有很好的低速稳定性，能有效消除各种振动对工艺系统的干扰，同时还要求稳定的环境温度等。

（1）精密车削

精密车削的切削速度 v 在 160m/min 以上，背吃刀量 $a_p=0.02\sim0.2$mm，进给量 $f=0.03\sim0.05$mm/r。由于切削速度高，切削层截面小，故切削力和热变形影响很小。加工精度可达 IT5～IT6 级，表面粗糙度值为 $Ra\ 0.2\sim0.8\mu$m。

（2）高速精镗（金刚镗）

高速精镗广泛用于不适宜用内圆磨削加工的各种结构零件的精密孔，如活塞销孔、连杆孔和箱体孔等，控制切削速度 $v=150\sim500$m/min。为保证加工质量，一般分为粗镗和精镗两步进行。粗镗 $a_p=0.12\sim0.3$mm；$f=0.04\sim$

0.12mm/r；精镗 a_p ＜0.075mm；f＝0.02～0.08mm/r。高速精镗的切削力小，切削温度低，加工表面质量好，加工精度可达 IT6～IT7，表面粗糙度为 Ra 0.1～0.8μm。

高速精镗要求机床精度高、刚性好、传动平稳，能实现微量进给。一般采用硬质合金刀具，主要特点是主偏角较大（45°～90°），刀尖圆弧半径较小，故径向切削力小，有利于减小变形和振动。当要求表面粗糙度小于 Ra 0.08μm 时，须使用金刚石刀具。金刚石刀具主要适用于铜、铝等有色金属及其合金的精密加工。

（3）宽刃精刨

宽刃精刨的刃宽为 60～200mm，适用于龙门刨床上加工铸铁和钢件。切削速度低（v＝5～10m/min），背吃刀量小（a_p＝0.005～0.1mm），如刃宽大于工件加工面宽度时，无需横向进给。加工直线度可达 1000∶0.005，平面度不大于 1000∶0.02，表面粗糙度值在 Ra 0.8μm 以下。

宽刃精刨要求机床有足够的刚度和很高的运动精度。刀具材料常用 YG8、YT5 或 W18Cr4。加工铸铁时前角 y＝10°～15°，加工钢件时 y＝25°～30°，为使刀具平稳切入，一般采用斜角切削。加工中最好能在刀具的前刀面和后刀面同时浇注切削液。

（4）高精度磨削

高精度磨削可使加工表面获得很高的尺寸精度、位置精度和形状精度以及较小的表面粗糙度值。通常表面粗糙度为 Ra 0.1～0.5μm 时称为精密磨削，为 Ra 0.025～0.012μm 时称为超精密磨削，小于 Ra 0.008μm 时为镜面磨削。

2. 采用光整加工

光整加工是用粒度很细的磨料（自由磨粒或烧结成的磨条）对工件表面进行微量切削、挤压和刮擦的一种加工方法。其目的主要是减小表面粗糙度值并切除表面变质层。其加工特点是余量极小，磨具与工件定位基准间的相对位置不固定。其缺点是不能修正表面的位置误差，其位置精度只能靠前道工序来保证。

光整加工中，磨具与工件之间压力很小，切削轨迹复杂，相互修整均化了误差，从而获得小的表面粗糙度值和高于磨具原始精度的加工精度，但切削效率很低。常见的几种光整加工方法如下。

（1）研磨

研磨是出现最早、最为常用的一种光整加工方法。研磨原理是在研具与工件加工表面之间加入研磨剂，在一定压力下两表面作复杂的相对运动，使磨粒在工件表面上滚动或滑动，起切削、刮擦和挤压作用，从加工表面上切下极薄的金属层。这种方法可适用于各种表面的加工，粗糙度小于 $Ra\ 0.16\mu m$，工件表面的形状精度和尺寸精度高（IT6 以上），且具有残余压应力及轻微的加工硬化。按研磨方式可分为手工研磨和机械研磨两种。

手工研磨时，研磨压力主要由操作者凭感觉确定；机械研磨时，粗研压力为 $100\sim300$kPa，精研压力为 $10\sim100$kPa。磨料粒度粗研为 W28～W40，精研为 W5～W28。粗研速度为 $40\sim50$m/min，精研速度为 $6\sim12$m/min。手工研磨时，研磨余量小于 $10\mu m$，机械研磨小于 $15\mu m$。手工研磨生产率低，对机床设备的精度条件要求不高，金属材料和非金属材料都可加工，如半导体、陶瓷、光学玻璃等。

（2）超精研磨

研具为细粒度磨条，对工件施加很小的压力，并沿工件轴向振动和低速进给，工件同时作慢速旋转。采用油作切削液。

研磨过程大致分为如下几个阶段：

①强烈切削阶段。开始加工时工件表面粗糙，与磨条接触面小，实际比压力大，磨削作用大。

②正常切削阶段。表面逐渐磨平，接触面积增大，比压逐渐减小，但仍有磨削作用。

③微弱切削阶段。磨粒变钝，切削作用微弱，切下来的细屑逐渐堵塞油石气孔。

④停止切削阶段。工件表面很光滑，接触面积大为增加，比压变小，磨粒已不能穿破油膜，故切削作用停止。由于磨粒运动轨迹复杂，研磨至最后呈挤压和抛光作用，故表面粗糙度可达 $Ra\ 0.01\sim0.08\mu m$；加工余量小，一般只有 $0.008\sim0.010$mm，切削力小，切削温度低，表面硬化程度低，故不会产生表面烧伤，不能产生残余拉应力。

（3）珩磨

珩磨是低速大面积接触的磨削加工，与磨削原理基本相同，所用磨具是由几根粒度很细的油石磨条所组成的布磨头，磨条靠机械或液压的作用胀紧和施加一定压力在工件表面上，并相对工件做旋转与往复运动，这种方法主要用于内孔的光整加工，孔径为 $\varphi8\sim1200$mm，长径比可以达到 10 或 10 以上。

珩磨直线往复速度 v_f 一般不大于 0.5m/min，加工淬火钢时 $v_f=8\sim10$m/min，加工未淬火钢 $v_f=12$m/min，加工铸铁和青铜 $v_f=12\sim18$m/min。油石的扩张进给压力在粗布时为 $0.5\sim2$MPa，精珩时为 $0.2\sim0.8$MPa；珩磨头圆周速度 $v=(2\sim3)v_f$。

珩磨后尺寸精度可达 IT6～IT7，表面粗糙度可达 $Ra\ 0.025\sim0.20\mu m$。表

面层的变质层极薄；珩磨头与机床主轴浮动连接，故不能纠正位置误差；生产率比研磨高；加工余量小，加工铸铁为 0.02～0.05mm，加工钢为 0.005～0.08mm；适于大批大量生产中精密孔的终加工，不适宜加工较大韧性的有色合金以及断续表面，如带槽的孔等。

（三）表面强化工艺

采用表面强化工艺能改善工件表面的硬度、组织和残余应力状况，提高零件的物理力学性能，从而获得良好的表面质量。表面强化工艺中包括化学热处理、电镀和机械表面强化，前两者不属本课程范畴，故不作介绍，本节只介绍机械表面强化技术。

机械表面强化是指在常温下通过冷压加工方法，使表面层产生冷塑变形，增大表面硬度，在表面层形成残余压应力，提高它的抗疲劳性能；同时将微观不平的顶峰压平，减小表面粗糙度值，使加工精度有所提高。常见的表面强化工艺有喷丸强化和滚压加工。

1. 滚压加工

滚压加工是利用经过淬硬和精细抛光过的、可自由旋转的滚柱或滚珠，在常温状态下对零件表面进行挤压，将表层的凸起部分向下压，凹下部分往上挤，逐渐将前工序留下的波峰压平，从而修正工件表面的微观几何形状。滚压加工可减小表面粗糙度值 2～3 级，提高硬度 10%～40%，表面层耐疲劳强度一般提高 30%～50%。滚柱或滚珠材质通常采用高速钢或硬质合金。滚柱滚压是最简单最常用的冷压强化方法。单滚柱滚压压力大且不平衡，这就要求工艺系统有足够的刚度；多滚柱滚压可对称布置滚柱以滚压内孔和外圆，减小了工艺系统的变形；这种方法也可滚压成形表面或锥面。滚珠滚压接触面积小，压强大，滚压力均匀，用于对刚度差的工件进行滚压，也可以做成多滚珠滚压。

2. 挤压加工

挤压加工是利用截面形状与工件孔形相同的挤压工具（被称为胀头），在两者间有一定过盈量的前提下，推孔或拉孔而使表面强化。其特点为效率较高，可采用单环或多环挤刀，后者与拉刀相似，挤后工件孔质量提高。

3. 喷丸强化

喷丸强化是用压缩空气或机械离心力将小珠丸高速（35～50m/s）喷出，打击零件表面，使工件表面层产生冷硬层和残余压应力，可显著提高零件的疲劳强度和使用寿命。所用丸珠可以是铸铁、砂石、钢丸等，也可以是切成小段的钢丝（使用一段后自然变成球状），其尺寸为 0.2～4mm。对软金属可用铝丸或玻璃丸。喷丸强化主要用于强化形状比较复杂的零件，直齿轮、连杆、曲轴等，也可用于一般零件，如板弹簧、螺旋弹簧、履带销、焊缝等。对于在腐蚀性环境中工作的零件，特别是淬过火而在腐蚀性环境中工作的零件，喷丸强化加工的效果更显著。

4. 液体磨料强化

这种强化方法是在喷丸强化工艺基础上发展起来的，是用液体和磨料的混合物来强化零件表面强度的工艺。液体和磨料在 $400\sim800Pa$ 压力下，经过喷嘴高速喷出，射向工件表面，由于磨粒的冲击作用，磨平工件表面粗糙度凸峰并碾压金属表面。由于磨料的冲击作用，工件表面层产生塑性变形，变形层仅为 $1\sim2\mu m$。加工后的工件表面层具有残余压应力，提高了工件的耐磨性、抗蚀性和疲劳强度。实践表明，与磨削加工的零件相比，经液性磨料喷射加工的零件耐磨性可提高 $25\%\sim30\%$，疲劳强度可提高 $15\%\sim75\%$。液体磨料强化工艺最适用于复杂型面加工，如锻模、汽轮机叶片、螺旋桨、仪表零件和切削刀具等。

（四）表面质量的检查

对加工后零件的表面质量，目前国家只有表面粗糙度来衡量，其余项目没有国家标准进行衡量，也缺乏完善的无损检测方法。目前比较通用的方法为企业根据加工产品的用途，自行规定产品的质量要求以及需要检测的表面质量参数。其余不重要的项目，即可根据加工过程中的工艺要求进行间接保证，不再进行检查。常用的零件表面质量检测项目与评定方法如下：

1. 表面粗糙度

采用轮廓检查仪、双管显微镜或干涉显微镜等测定零件表面的粗糙度。表面的划痕、坑点等缺陷采用目测方法进行，其余采用光电检查仪进行检测。

2. 波度

在圆度仪上进行检测相应的波度值。因为波度现在并没有国家标准，因此只有企业自行制定标准来进行确定与检测。

3. 金相组织变化

现在采用最多的是酸洗法。即根据不同金相组织具有不同的耐腐蚀性。经过酸腐蚀后，正常组织为均匀的灰色，回火组织为黑色或灰黑色，二次回火组织为灰白色，一般呈现点状或块状的条纹。

4. 表面显微硬度变化

一般采用维氏硬度计进行测定。当测定表面层硬度分布时，将工件表面加工出 $2°\sim3°$ 的倾斜表面，可将表层厚度放大 25 倍后测定。

5. 残余应力检测方法

（1）酸腐蚀法

零件表面产生较大拉应力时，经过酸腐蚀后，可以出现裂纹。

（2）逐层去除法

该方法用于测定零件表面的应力分布情况。采用电解质腐蚀层去除零件表层，由于零件表层有残余应力，内应力重新平衡后，会引起零件的变形，测量其变形量可以计算得到残余应力值。

（3）X 射线衍射法

采用 X 射线照射后，会使零件表面内部原子间距发生变化，当零件表层存在残余应力时，金属原子间距产生变化。间距大于正常组织时为拉应力，小于正常组织时为压应力。需要测定表层应力分布时，则可以逐层去除后，再进行测定。采用 X 射线衍射仪快速测定金属残余应力分布，但是成本较高，因此采用此方法的不多。

6. 裂纹等微观缺陷检测方法

（1）着色检测

利用荧光计或有色气体的渗透作用进行检测，当零件表面有裂纹时，会显示出裂纹。

（2）酸蚀检测

采用腐蚀的方法，对零件表面进行检测，这样可以更清晰地显示零件的裂纹情况。

（3）磁粉探伤法

此方法是根据金属表层的磁化作用进行检测，将零件表面磁化后，有裂纹的部分会产生漏磁现象，当磁粉分布于零件表面上时，磁粉即沿着缺陷裂纹处分布，可以清晰发现裂纹情况。

三、机械加工中的振动及其控制措施

在机械加工过程中，在工件和刀具之间常常产生振动。产生振动时，工艺系统的正常切削过程便受到干扰和破坏，从而使零件加工表面出现振纹，降低了零件的加工精度和表面质量。强烈的振动会使切削过程无法进行，甚至会引起刀具崩刃打刀现象，加速了刀具或砂轮的磨损，使机床连接部分松动，影响运动副的工作性能，并导致机床丧失精度。此外，强烈的振动及伴随而来的噪声，还会污染环境，危害操作者的身心健康。

本节主要介绍机械加工中产生振动的原因及减小振动的常用措施。

（一）机械加工中的振动及其分类

机械加工过程中产生的振动，按其性质可以分为自由振动、强迫振动和自激振动三种类型。

1. 自由振动

工艺系统受到初始干扰力而破坏了其平衡状态后，系统仅靠弹性恢复力来维持的振动称为自由振动。机械加工过程中的自由振动往往是由于切削力的突然变化或其他外界力的冲击等原因所引起的。这种振动一般可以迅速衰减，因此对机械加工过程的影响较小，约占 5%，一般不予考虑。

2. 强迫振动

工艺系统在外部周期性的干扰力（激振力）的作用下产生的振动，在机械加工中约占 35%。

3. 自激振动

在没有周期性外力作用下，工艺系统在输入输出之间有反馈特性，并有能源补充而产生的振动，在机械加工中也称为颤振，是机械加工中振动的主要类型，约占 65%。

（二）机械加工中的强迫振动及其控制措施

1. 强迫振动产生的原因

强迫振动的振源有两部分，一部分是来自机床内部的，称为机内振源；一部分是来自机床外部的，称为机外振源。机外振源甚多，但它们多半是通过地基传给机床的，可以通过加设隔振地基把振动隔除或削弱。机内振源指来自机床内部产生的振源，具体由以下三方面组成：

①回转零部件质量的不平衡，例如，机床上各个电动机的振动，包括电动机转子旋转不平衡及电磁力不平衡引起的振动。

②机床传动件的制造误差和缺陷，机床上各回转零件的不平衡，例如，砂轮、皮带轮、卡盘、刀盘和工件等的不平衡引起的振动；运动传递过程中引起的振动，如齿轮啮合时的冲击，皮带传动中平皮带的接头，三角皮带的厚度不均匀，皮带轮不圆，轴承滚动体尺寸及形状误差等引起的振动，往复运动部件的惯性力，不均匀或断续切削时的冲击动。

③切削过程中的切入切出产生的冲击，例如，铣削、拉削加工中，刀齿在切入或切出工件时，都会有很大的冲击发生。此外，在车削带有键槽的工件表面时也会发生由于周期冲击而引起的振动，液压传动系统压力脉动引起的振动等。

2. 强迫振动的特征

在机械加工过程中，由于机床、刀具及工件在接触切削过程中产生的振动，会极大影响工件的精度，机械振动中的强迫振动与通用机械的振动没有特殊区别。

①通常情况下，机械加工过程中产生的强迫振动，其振动频率与干扰力频率相同，或者为其整数倍。其相应的频率对应关系为诊断机械加工过程中产生振动是否为强迫振动的主要依据，可以根据以上经验对频率特征进行分析，并得出结论。

②强迫振动的幅值既与干扰力的幅值有关，同时又与工艺系统的动态特性相关。通常情况下，干扰力的频率不变的情况下，干扰力幅值越高，强迫振动的幅值随之增大。工艺系统的动态特性对强迫振动幅值影响亦较大。

如果干扰力的频率远离工艺系统各阶模态的固有频率，则强迫振动响应将处于机床动态响应的衰减区，振动响应幅值就很小；当干扰力频率接近工艺系统某一周有频率时，强迫振动的幅值将明显增大；若干扰力频率与工艺系统某一周有频率相同，系统将产生共振。

③在共振区，较小的频率变化会引起较大的振幅和相位角的变化。

④强迫振动的稳态过程是谐振，只要干扰力存在，振动就不会被阻尼衰减掉。

⑤若工艺系统阻尼系数不大，振动响应幅值将十分大。阻尼越小，振幅越大，谐波响应轨迹的范围越大，增加阻尼能有效地减小振幅。

3. 强迫振动的控制措施

强迫振动是由于外界周期性干扰力引起的。因此，为了消除强迫振动，应先找出振源，然后采取相应的措施加以控制，有以下几种方法。

（1）减小或消除振源的激振力

对转速在 600r/min 以上的零件，如砂轮、卡盘、电动机转子等，必须经过平衡，特别是高速旋转的零件。例如，砂轮，其本身砂粒的分布不均匀和工作时表面的磨损不均匀等原因，容易造成主轴的振动。因此，对于新换的砂轮必须进行修整前和修整后的二次平衡。

（2）提高机床的制造精度

提高齿轮的制造精度和装配精度，特别是提高齿轮的工作平稳性精度，从而减少因周期性的冲击而引起的振动，并可减少噪声；提高滚动轴承的制造和装配精度，以减少因滚动轴承的缺陷而引起的振动，尤其是机床主轴的滚动轴承运动会引起主轴系统的振动，因此提高关键部件的制造精度可以减少系统强迫振动的影响。选用长度一致、厚薄均匀的传动带。

（3）调整振源频率，避免激振力的频率与系统的固有频率接近，以防止共振

①采取更换电动机的转速或改变主轴的转速来避开共振区。

②采用提高接触面精度、降低结合面的粗糙度、消除间隙、提高接触刚度等方法，来提高系统的刚度和固有频率，这样可以提高系统抵抗振动能力。

（4）采用隔振措施

①机床的电动机与床身采用柔性连接以隔离电动机本身的振动。

②把液压部分与机床分开。

③采用液压缓冲装置以减少部件换向时的冲击。

④采用厚橡皮、木材将机床与地基隔离；用防振沟隔开设备的基础和地面的联系，以防止周围的振源通过地面和基础传给机床。

（三）机械加工中的自激振动及其控制措施

1. 自激振动产生的机理

在稳定的切削加工过程中，由于偶然干扰，如刀具碰到硬质点或加工余量不均匀，使加工系统产生振动并在加工表面上留下振纹。第二次走刀时，刀具将在有振纹的表面上切削，使切削厚度发生变化，导致切削力周期性的变化，产生自激振动。

在机械加工过程中，以车削为例，由于刀具的进给量较小，刀具的副偏角较小，当工件转过一圈开始切削下圈时，刀具与已经切过的上一圈表面接触，产生切削重叠，磨削加工亦为如此。若在切削过程中系统受到了瞬时的偶然扰动，工件与刀具之间产生相对振动（自由振动），由于此干扰很快消失，系统振动逐渐衰减，在工件表面留下的波纹已经产生的切削重叠后，会产生相应的振动，当进行顺序加工过程中，后续的切削又受到前序的影响，产生相应的波动，由于切削厚度的逐渐变化，切削力发生相应的波动，此过程中即产生了动态力。这种由于切削层厚度变化引起的自激振动，被称为再生颤振。

2. 自激振动的特点

与其他振动相比，自激振动有如下特点：

①自激振动是一种不衰减振动。

②自激振动的频率等于或接近于系统的固有频率。

③自激振动能否产生及振幅的大小取决于振动系统在每一个周期内获得和消耗的能量对比情况。

3. 自激振动的控制措施

通过以上产生机理分析可知，发生自激振动主要在切削加工过程中工艺系统本身的某种缺陷所引起的周期性变化力的影响，是系统本身内部因素引起的，与外部因素无关。为防止和消除该种振动对加工质量的影响，通过判断不同的振动类型，针对不同特点采用有效消除振动的方法，具体如下：

①合理选择切削参数。增大进给量，适当提高切削速度，改善被加工材料

的切削性能。

②合理选择刀具参数。增加主偏角以及前角，适当减少刀具后角，在后刀面上磨削出消振倒棱，适当增加钻头的横刃。

③减小重叠系数。增大刀具的主偏角和进给量，可以减小重叠系数，例如，在生产过程中，采用主偏角，$k = 90°$ 车刀加工外圆等。

④采用变速切削。调整切削速度，避开临界切削速度，以防止切削过程中因动态所引起的自激振动。例如，采用变速磨削来抑制或缓解磨削颤振的发展，因为工件经过磨削后，颤振后期振幅均方根的平均值及工件表面振幅高度的均方根值与采用恒速磨削有明显下降。

（四）控制机械加工中振动的其他途径

除了以上提到的强迫振动和自激振动的控制措施以外，控制机械加工中的振动还有如下措施。

1. 改善工艺系统的振动特性

（1）提高工艺系统的刚度

提高工艺系统薄弱环节的刚度，可以有效地提高系统的稳定性。增强连接结合面的接触刚度，对滚动轴承施加预载荷，加工细长工件外圆时采用中心架或跟刀架，镗孔时对镗杆设置镗套等措施，都可以提高工艺系统的刚度。

（2）增大工艺系统的阻尼

工艺系统的阻尼主要来自零件材料的内阻尼、结合面上的摩擦阻尼以及其他附加阻尼。

选用阻尼较大的材料制造相应部件，铸铁的内阻尼比钢大，因此机床上的床身、立柱等大型支承件一般都用铸铁制造；机床阻尼大多来自零件部结合面间的摩擦阻尼，对于机床的活动结合面，应注意调整其间隙，必要时可以施加预紧力以增大摩擦力，对于机床的固定结合面，应适当选择加工方法、表面粗糙度等级；在机床振动系统上增加阻尼减振器，或是在精密机床上采用滚珠丝杠、导轨等附加阻尼也可以提高系统的阻尼。

2. 采用相应的减震装置

（1）动力减振器

动力式减振器是用弹性元件把一个附加质量块连接到振动系统中，利用附加质量的动力作用，使弹性元件附加在振动系统上的力与系统激振力抵消。在振动系统中原有质量基础上增加了附加质量后，使其加到主振动系统上的作用力与激振力大小相等，方向相反，达到一致振动系统振动的目的。

（2）冲击式减振器

冲击式减震器是利用两物体相互碰撞损伤动能的原理，是由一个与振动系统刚性连接的壳体和一个在体内可以自由冲击的质量所组成。当系统振动时，由于质量反复地冲击壳体消耗了振动的能量，因而可以显著地消减振动。

冲击式减振器具有结构简单、重量轻、体积小、减振效果好等特点，并可以在较大振动频率范围内使用。

（3）摩擦式减振器

摩擦式减振器是利用阻尼来消耗振动系统的能量，在系统振动过程中，利用相应的阻尼系数对其进行分析，通过摩擦作用，消耗掉的能量即可以减少系统的能量输入，从而达到消减振动的目的。

（4）阻尼减振器

它是利用固体或液体的摩擦阻尼来消耗振动能量从而达到减振的目的。

第五章　典型零件加工与品质检验技术

第一节　轴类零件加工技术

一、轴类零件的功用与技术要求

（一）轴类零件的功用

　　轴类零件是一种常用的典型零件，主要用于支承齿轮、带轮等传动零件，并用于传递运动和扭矩，故其具有许多外圆、轴肩、螺纹、螺尾退刀槽、砂轮越程槽和键槽等结构。外圆用于安装轴承、齿轮、带轮等；轴肩用于轴上零件和轴本身的轴向定位；螺纹用于安装各种锁紧螺母和高速螺母；螺尾退刀槽供加工螺纹时退刀用；砂轮越程槽则是为了能完整地磨削出外圆和端面；键槽用来安装键，以传递扭矩。

　　根据结构形状的不同，轴类零件可分为光轴、阶梯轴、万向轴、软轴和曲轴等，如图5－1所示。轴的长径比小于5的称为短轴，大于20的称为细长轴，大多数轴介于两者之间。

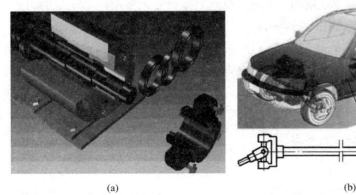

(a)　　　　　　　　　　　　　　　　(b)

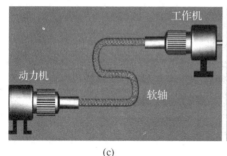

（c）　　　　　　　　　　　　　　　（d）

（a）阶梯轴；（b）万向传动轴；（c）软轴；（d）曲轴

图 5－1　轴的结构图例

（二）轴类零件的技术要求

轴用轴承支承，其与轴承配合的轴段称为轴颈。轴颈是轴的装配基准，它们的精度和表面质量一般要求较高，其技术要求一般根据轴的主要功用和工作条件制定，通常有以下几个方面：

1. 尺寸精度

轴类零件的尺寸精度主要指轴的直径尺寸精度。轴上支承轴颈和配合轴颈（装配传动件的轴颈）的尺寸精度和形状精度是轴的主要技术要求之一，它将影响轴的回转精度和配合精度。起支承作用的轴颈为了确定轴的位置，通常尺寸精度要求较高（IT5～IT7），装配传动件的轴颈尺寸精度一般要求较低（IT6～IT9），精密的轴颈可达 IT5。

2. 位置精度

为保证轴上传动件的传动精度，必须规定支承轴颈与配合轴颈的位置精度，通常以配合轴颈相对于支承轴颈的径向圆跳动或同轴度来保证。普通精度的轴，其配合轴段对支承轴颈的径向圆跳动一般为 0.01～0.03mm，高精度轴（如主轴）通常为 0.001～0.005mm。

3. 表面结构轴上的表面以支承轴颈的表面质量要求最高，其次是配合轴颈或工作表面。这是保证轴与轴承以及轴与轴上传动件正确可靠配合的重要因素。一般与轴承相配合的支承轴颈的表面粗糙度为 $Ra\ 0.16～0.63\mu m$，与传动件相配合的轴颈表面粗糙度为 $Ra\ 0.63～2.5\mu m$。

二、轴类零件的材料选择

（一）轴类零件的毛坯材料

轴类零件的毛坯材料可根据使用要求、生产类型、设备条件及结构，选用棒料、锻件等毛坯形式。对于外圆直径相差不大的轴，一般以棒料为主。而对于外圆直径相差大的阶梯轴或重要的轴，常选用锻件，这样既节约材料，又减少机械加工的工作量，还可改善机械性能。

毛坯制造方法主要与零件的使用要求和生产类型有关。光轴或直径相差不大的阶梯轴，一般常用热轧圆棒料毛坯。当成品零件尺寸精度与冷拉圆棒料相符合时，其外圆可不进行车削，这时可采用冷拉圆棒料毛坯。比较重要的轴，多采用锻件毛坯。由于毛坯加热锻打后，能使金属内部纤维组织沿表面均匀分布，从而能得到较高的机械强度。对于某些大型、结构复杂的轴（如曲轴等），可采用铸件毛坯。

（二）轴类零件的材料

轴类零件应根据不同的工作条件和使用要求选用不同的材料并采用不同的热处理规范（如调质、正火、淬火等），以获得一定的强度、韧性和耐磨性。

45 钢是轴类零件的常用材料，它价格便宜，经过调质（或正火）后可得到较好的切削性能，而且能获得较高的强度和韧性等综合机械性能，淬火后表面硬度可达 45～52HRC。

40Cr 等合金结构钢适用于中等精度而转速较高的轴类零件，这类钢经调质和淬火后，具有较好的综合机械性能。

轴承钢 GCr15 和弹簧钢 65Mn，经调质和表面高频淬火后，表面硬度可达 50～58HRC，并具有较高的耐疲劳性能和较好的耐磨性能，可制造较高精度的轴。

精密机床的主轴（例如：磨床砂轮轴、坐标镗床主轴）可选用 38CrMoAlA 氮化钢。这种钢经调质和表面氮化后，不仅能获得很高的表面硬度，而且能保持较软的心部，因此耐冲击韧性好。与渗碳淬火钢比较，它具有热处理变形很小、硬度更高的特性。

三、轴类零件的加工方法

轴类零件和盘类、套类零件一样，具有外圆柱表面，采用车削加工方法形成，采用磨削加工作为精加工，采用研磨等作为精密加工。轴类零件上的键槽以及轴的端面可采用铣削加工的方法，花键轴可采用拉削的方法成形。外圆柱表面加工方案见表 5-1。

表 5－1　　　　　　　　　　外圆柱表面加工方案

序号	加工方法	经济精度	表面结构 Ra 值/μm	适用范围
1	粗车	IT11～13	10～50	适用于淬火钢以外的各种金属
2	粗车—半精车	IT8～10	2.5～6.3	
3	粗车—半精车—精车	IT7～8	0.8～1.6	
4	粗车—半精车—精车—滚压（或抛光）	IT7～8	0.025～0.2	
5	粗车—半精车—磨削	IT7～8	0.4～0.8	主要用于淬火钢，也可用于未淬火钢，但不宜加工有色金属
6	粗车—半精车—粗磨—精磨	IT6～7	0.1～0.4	
7	粗车—半精车—粗磨—精磨—超精加工	IT5	0.012～0.1	
8	粗车—半精车—精车—精细车（金刚车）	IT6～7	0.025～0.4	主要用于要求较高的有色金属加工
9	粗车—半精车—粗磨—精磨—超精磨	IT5	—	极高精度的外圆加工
10	粗车—半精车—粗磨—精磨—研磨	IT5	—	

（一）定位与装夹

轴类零件加工时，常以两端中心孔或外圆面定位，以顶尖或卡盘装夹。普通车床上常用顶尖、拨盘、三爪自定心卡盘、四爪单动卡盘、中心架、跟刀架和心轴等，以适应装夹各种工件的需要。

外圆车削加工时，最常见的工件装夹方法见表 5－2。

表 5－2　　　　　　　　　　**外圆车削加工时常用的工件装夹方法**

名称	装夹特点	应用
三爪卡盘	三爪卡盘可同时移动，自动定心，装夹迅速、方便	长径比小于 4，截面为圆形，六方体的中、小型工件加工
四爪卡盘	四个卡爪都可单独移动，装夹工件需要找正	长径比小于 4，截面为方形、椭圆形的较大、较重的工件加工
花盘	盘面上多通槽和 T 形槽，使用螺钉、压板装夹，装夹前须找正	形状不规则的工件、孔或外圆与定位基面垂直的工件加工
双顶尖	定心正确，装夹稳定	长径比为 4～15 的实心轴类零件的加工
双顶尖中心架	支爪可调，增加工件刚性	长径比大于 15 的细长轴工件粗加工
一夹一顶跟刀架	支爪随刀具一起运动，无接刀痕	长径比大于 15 的细长轴工件半精加工、精加工
心轴	能保证外圆、端面对内孔的位置精度	以孔为定位基准的套类零件的加工

（二）外圆表面加工

1. 车削外圆柱面

根据加工要求和切除余量的多少不同，可分粗车、半精车、精车、精细车。

（1）粗车外圆

粗车的目的是切去毛坯的硬皮，切除大部分加工余量，改变不规则的毛坯形状，为进一步精加工做好准备。粗车外圆时常用 75°或 90°车刀，如图 5－2 所示。粗车时的切削用量，应尽量选取较大的背吃刀量，一般的粗加工余量可在一次走刀中切除，一般中碳钢的背吃刀量为 2～4mm，进给量 f 为 0.2～0.4mm/r，切削速度为 50～70m/min。粗车的经济精度为 IT11～IT13，表面粗糙度为 Ra 12.5～50μm。

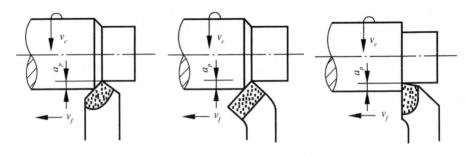

图 5－2　车削外圆

（2）半精车

半精车可作为中等精度外圆表面的最终加工，也可以作为磨削和其他精加工工序前的预加工，加工的经济精度为 IT8～IT10，表面粗糙度为 Ra 3.2～6.3μm。

（3）精车

精车的主要任务是保证加工零件尺寸、形状及相互位置的精度、表面粗糙度等符合图样要求。精车时一般取大的切削速度和较小的进给量、背吃刀量。精车的加工精度可达 IT6～IT7，表面粗糙度为 Ra 0.8～1.6μm。

（4）精细车

精细车是用经过仔细刃磨的人造金刚石或细颗粒度硬质合金车刀，精度较高的车床，在高的切削速度、小的进给量及背吃刀量的条件下进行车削。精细车的加工精度为 IT5～IT6，表面粗糙度为 Ra 0.2～0.8μm，特别适合于有色金属的精密加工。

2. 车端面和台阶

车端面常用的刀具有偏刀和弯头车刀两种。

①用右偏刀车端面如图 5－3（a）所示，用右偏刀车端面时，如果是由外向里进刀，则是利用副刀刃在进行切削的，故切削不顺利，表面也车不细，车刀嵌在中间，使切削力向里，因此车刀容易扎入工件而形成凹面；用左偏刀由外向中心车端面，如图 5－3（b）所示，主切削刃切削，切削条件有所改善；用右偏刀由中心向外车削端面时，如图 5－3（c）所示，由于是利用主切削刃在进行切削，所以切削顺利，也不易产生凹面。

②用弯头刀车端面如图 5－3（d）所示，以主切削刃进行切削则很顺利，如果再提高转速也可车出表面质量较好的表面。弯头车刀的刀尖角等于 90°，刀尖强度要比偏刀大，不仅用于车端面，还可车外圆和倒角等工件。

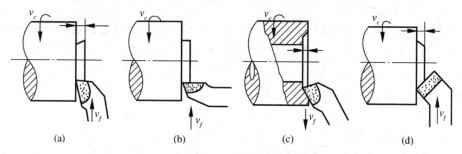

图 5－3　车削端面

轴类零件的台阶车削如图 5－4 所示。台阶较高时，可分层车削，最后按车端面的方法平整台阶端面。

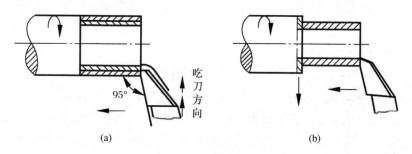

图 5－4　高台阶车削方法

3. 切槽和切断

切槽和切断如图 5－5 所示。回转零件内、外表面上的沟槽一般由相应的成形车刀，通过横向进给实现。

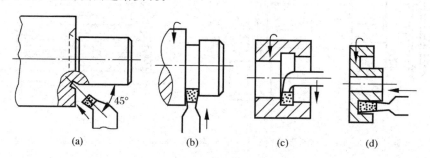

图 5－5　切槽和切断

切槽的极限深度是切断。切断时，切断刀伸入工件内部，散热条件差、排屑困难。另外，切断刀的强度和刚度也差，容易引起振动，使刀具折断。因此，切断刀应安装正确，切断时的切削速度和进给量要降低。

4. 圆锥面的车削

①转动小滑板车削圆锥面，如图 5—6 所示，先把小滑板转过一个圆锥斜角 α/2，然后手动进给完成圆锥面车削。此法操作简单、调整方便、应用广泛，适于加工长度短而锥度大的内、外圆锥面。缺点是不能自动进给，加工锥面长度受小刀架行程的限制，不能太长。

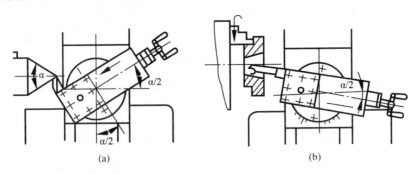

(a)   (b)

图 5—6　转动小滑板车圆锥

②偏移尾座法，如图 5—7 所示，将尾座横向移动一个距离 S，使工件的回转轴线与车床主轴线的夹角等于圆锥斜角 α/2，这样就可以纵向自动进给车削圆锥面。用这种方法可以加工较长的外锥面，并能自动进给。但是尾座的偏移量不能太大，否则由于顶尖和中心孔接触不良，磨损不均匀，会引起振动和加工误差。所以这种方法不能加工锥度太大的工件（α < 8°）和内锥面。

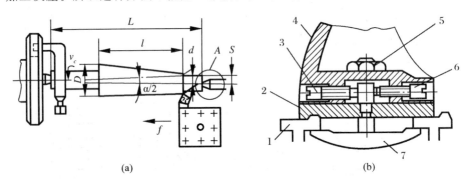

(a)   (b)

1—床身；2—底座；3—调节螺钉；4—尾座体；5—固定螺钉；6—调节螺钉；7—压板

图 5—7　偏移尾座车锥面

③用靠模法车锥面，如图 5—8 所示，锥度靠模装在床身上，可以方便地调整圆锥斜角 α/2。加工时卸下中滑板的丝杠和螺母，使中滑板能横向自由滑动，中滑板的接长杠用滑块铰链与锥度靠模连接。当床鞍纵向进给的同时，中滑板带动刀架一面纵向移动，一面又做横向移动，从而使车刀运动的方向平行

于锥度靠模，加工成所要求的锥面。靠模法车锥面生产效率高，车出工件精度高，表面质量好，适用于成批生产，加工锥度小、锥体长的工件，但不能加工锥度较大的圆锥面。

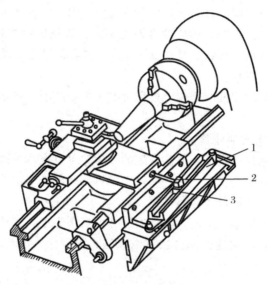

1—锥度靠模；2—接杆；3—滑块

图 5—8　靠模法车锥面

5. 车成形表面

有些零件的轴向剖面呈曲线形，如单球手柄、三球手柄、橄榄手柄等，具有这些特征的表面称为成形面。

常用的成形刀具按形状可分为以下几类：

①普通成形刀：与普通车刀相似，可用手磨，精度低。

②棱形成形刀：由刀头和刀杆组成，精度高。

③圆形成形刀：圆轮形开一缺口。

在车床上加工成形面时，应根据工件的表面特征、精度要求和生产批量大小，采用不同的加工方法。常用的加工方法有双手控制法、成形法（即样板刀车削法）、仿形法（靠模仿形）和专用工具法等。双手控制法车成形面是成形面车削的基本方法。

（三）轴类零件的磨削加工

轴类零件的轴颈、轴肩等安装滚动轴承的结合面，要求较高的尺寸精度、形位精度和较小的表面粗糙度，常在半精车后通过磨削加工来达到要求。磨削加工是应用砂轮作为切削工具，多应用在淬硬外圆表面的加工，一般半精加工之后进行，也可在毛坯外圆表面直接进行磨削加工，因此，磨削加工既是精加工手段，又是高效率机械加工手段之一。磨削加工的精度可达 IT5～IT8，表面粗糙度为 $Ra\ 0.1～0.16\mu m$。

磨削加工时的切削工具为砂轮，砂轮是由磨料、结合剂组成的，由于磨料及结合剂的制造工艺不同，砂轮的特性也不同。砂轮的特性包括磨料、硬度、粒度、组织、结合剂、形状、尺寸及线速度。砂轮的特性已经标准化，可按砂轮上的标志查有关资料。

外圆表面的磨削在外圆磨床上进行时称为中心磨削，在无心磨床上磨削称为无心磨削。

1. 在外圆磨床磨削外圆

一般使用普通外圆磨床，外圆磨床的砂轮架可以在水平面内分别转动一定的角度，并带有内圆磨头等附件，所以不仅可以磨削外圆及外圆锥面，而且能磨削内圆柱面、内圆锥面和圆盘平面。

在外圆磨床上磨削外圆时，工件安装在前后顶尖上，用拨盘和鸡心夹头来传递动力和运动。常见的磨削方法有纵磨法、横磨法、综合磨法，如图 5-9所示。

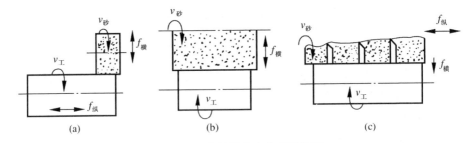

图 5-9　在外圆磨床上磨削外圆

（1）纵磨法

纵磨法如图 5-9（a）所示，机床的运动有：砂轮旋转为主运动，工件旋转和往复运动实现圆周进给和轴向进给运动，砂轮架水平进给实现径向进给运动，工件往复一次，外圆表面轴向切去一层金属，直到加工到工件要求尺寸。加工精度高，适用于细长轴类零件的外圆表面，但是生产率较低，多用于单件、小批量生产及精磨工序中。

（2）横磨法

横磨法如图 5-9（b）所示，磨削时没有工件往复运动，砂轮连续的横向进给直到磨削至工件尺寸。横磨时，砂轮与工件接触面积大，散热条件差，工件易烧伤和变形，且工件表面加工后的几何精度受砂轮形状影响，加工精度没有纵磨法高，但生产效率高，适用于批量生产时磨削工件刚度较好、长度较短的外圆表面及有台阶的轴颈。

（3）综合磨法

综合磨法如图 5－9（c）所示，是横磨法和纵磨法的综合应用，即先用横磨法将工件分段进行粗磨，工件上留有 0.01～0.05mm 的精度余量，最后用纵磨法进行精磨，完成全部加工，适用于磨削余量较大、长度较短而刚度较好的工件。

2. 在无心磨床上磨削外圆表面

无心磨削时，工件的中心必须高于导轮和砂轮的中心连线，使工件与砂轮、导轮间的接触点不在工件的同一直径上，从而使工件上某些凸起表面在多次转动中能逐次磨圆，避免磨出棱圆形工件，如图 5－10 所示。实践证明，工件中心越高，越易获得较高的圆度，磨圆过程也越快。但工件中心高出的距离也不能太大，否则导轮对工件的向上垂直分力有可能引起工件跳动，从而影响加工表面的质量。一般取 $h = (0.15～0.25)d$，d 为工件直径。

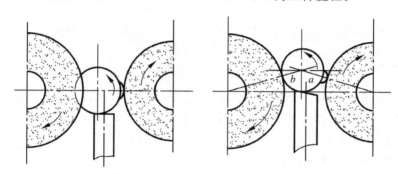

图 5－10　无心外圆磨削加工原理图

无心外圆磨床有纵磨法和横磨法两种，如图 5－11 所示。纵磨法适用于磨削不带凸台的圆柱形工件，磨削表面长度可大于或小于砂轮宽度，磨削加工时，一件接一件地连续对工件进行磨削，生产率高。横磨法适用于磨削有阶梯的工件或成形回转体表面，但磨削表面长度不能大于砂轮宽度。

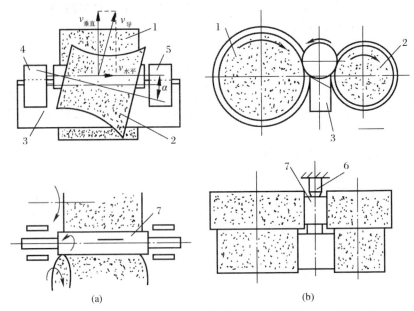

1—磨削砂轮；2—导轮；3—托板；4—前导板；5—后导板；6—挡块；7—工件

（a）纵磨法；（b）横磨法

图5-11　无心磨削

在无心外圆磨床上磨削外圆表面时，工件不需钻中心孔，装夹工件省时省力，可连续磨削；由于有导轮和托板沿全长支承工件，因而刚度差的工件也可用较大的切削用量进行磨削。所以无心外圆磨削生产率较高。

（四）轴类零件的精密加工

轴类零件的尺寸精度在36以上，工件表面粗糙度在 $Ra\,0.4\mu m$ 以下，就要采用精密加工的方法，如研磨、抛光、超精加工、滚压加工等。

1. 研磨

研磨是指用研具和研磨剂从工件表面研去极薄一层金属的加工方法，研磨过程实际上是用研磨剂对工件表面进行刮划、滚擦以及微量切削的综合作用过程。研磨法分手工和机械两种。

手工研磨适用于单件小批量的生产。研磨外圆时，工件夹持在车床卡盘上或用顶尖支承，做低速回转，研具套在工件上，在研具和工件之间加入研磨剂，然后用手推动研具做往返运动。外圆研具如图5-12所示。如图5-12（a）所示，粗研具套孔内有油槽，可储存研磨剂；如图5-12（b）所示，精研具套孔内无油槽。研具往复运动速度常选20～70m/min。

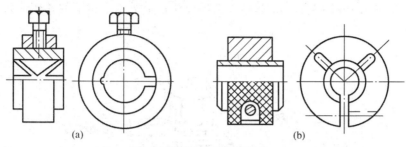

（a）粗研具；（b）精研具

图 5－12 外圆研具

机械研磨适用于成批量生产，生产效率较高，研磨质量较稳定。图 5－13 所示为一种行星传动式的双面研磨机。通过研磨加工，工件可获得 IT3～IT6 的精度等级，表面粗糙度为 Ra $0.01～0.012\mu m$，但研磨一般不能纠正表面之间的位置精度，研磨余量一般为 $0.005～0.02\mu m$。

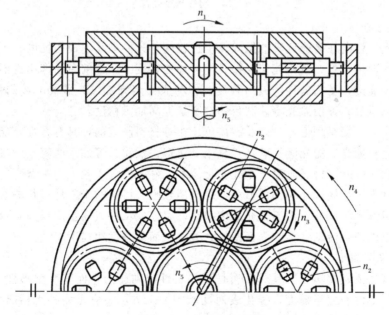

图 5－13 行星齿轮研磨

2.超精加工

超精加工的原理如图 5－14 所示。此图为超级光磨外圆，加工时使用油石，以较小的压力（150kPa）压向工件，加工中有三种运动：工件低速转动、磨头轴向进给运动及磨头的高速往复振动。这样，使工件表面形成不重复的磨削轨迹。加工中一般使用煤油做冷却液。超精加工可获得表面粗糙度为

Ra 0.08～0.1μm 的表面。但超精加工不能纠正上道工序留下的几何形状及位置误差。

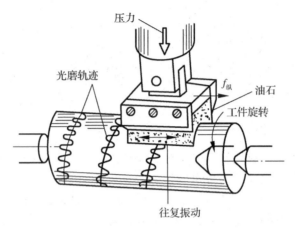

图 5—14 超级光磨外圆

3. 抛光

抛光工作是在高速旋转的抛光轮上进行的，只能减小表面粗糙度，不能提高尺寸和形位精度，也不能保持抛光前的加工精度。抛光的主要作用有消除表面的加工痕迹，提高零件的疲劳强度；作为表面装饰加工；需要电镀的零件，为了保证质量，镀前抛光等。其目的都不是提高加工精度。

抛光轮一般是用毛毡、橡胶、皮革、布等材料制成的，具有弹性，能对各种形面进行抛光。抛光液（磨膏）是用氧化铝、氧化铁等加入磨料和油酸、软脂等配制而成的，抛光时涂于抛光轮上。将工件手持压于轮上，在磨膏的作用下，工件表层金属因化学作用形成一层极薄软膜，可被软于工件材料的磨料切除而不留痕迹。此外，由于抛光速度很高，摩擦使工件表面温度很高，致使工件表层出现塑性流动，填补表面凹坑之处，从而使表面粗糙度变小。

4. 滚压加工

滚压加工是用滚压工具对金属材质的工件施加压力，使其产生塑性变形，从而降低工件表面粗糙度，强化表面性能的加工方法。它是一种无切屑加工。图 5—15 所示为滚压加工示意图。

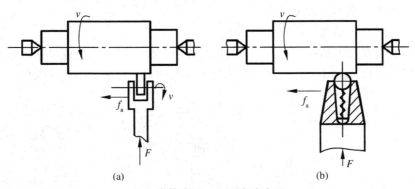

（a）滚轮滚压；（b）滚珠滚压

图 5－15　滚压加工示意图

（五）其他表面的加工方法

1. 花键的加工

花键按截面形状不同可分为矩形、渐开线形、梯形和三角形四种，其中矩形花键盘应用最广。定心方式常见的是以小径定心和大径定心，轴类零件的花键加工常用铣削、滚削和磨削三种方法。

2. 螺纹的加工

螺纹是轴类零件的常见加工表面，其加工方法很多，常用的方法有车削、铣削、滚压和磨削。

四、轴类零件的质量检测

（一）轴径的检测

根据工件的尺寸、精度要求选择相应的量具进行检测。常用钢尺、游标卡尺、千分尺等量具来测量轴径。

（二）长度尺寸的检测

工件台阶粗加工结束后，一般使用钢直尺和游标卡尺测量长度。若是大批量生产，也可以用卡规测量。

（三）圆锥面的检测

圆锥的检测主要是指对圆锥角度和尺寸精度的检测。常用万能角度尺、角度样板检测圆锥角度。对于配合精度要求较高的锥度零件，在工厂中一般采用涂色检验法，以检查接触面积的大小来评定圆锥的精度。3°以下的角度采用正弦规测量，能达到很高的测量精度。

1. 角度和锥度的检验方法

（1）用万能角度尺检测

万能角度尺可测量 0°～320° 范围内的任何角度。用万能角度尺检测外圆锥角度时，应根据工件角度的大小，选择不同的测量方法，如图 5－16 所示。

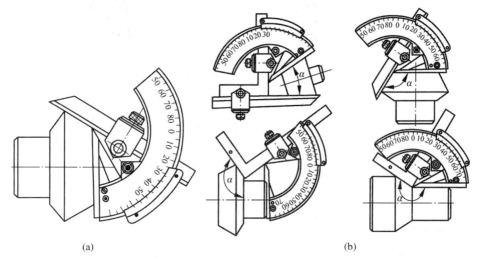

(a)　　　　　　　　　　　　　　(b)

（a）万能角度尺结构；（b）不同角度的测量方法

图 5－16　用万能角度尺测量工件的方法

（2）用角度样板检测

角度样板主要用于成批和大量生产时的检测。图 5－17 所示为用角度样板测量齿轮角度的情况。

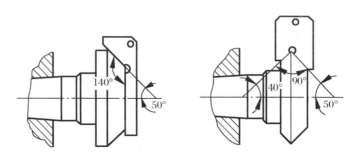

图 5－17　用样板测量圆锥齿轮角度

（3）用涂色法检测

检验标准圆锥或配合精度要求高的工件时（如莫氏锥度和其他标准锥度），可用标准圆锥塞规或圆锥套规来测量。如图 5－18（a）所示，圆锥套规用于检测外圆锥。圆锥塞规用于检测内圆锥，如图 5－18（b）所示。圆锥量规的测量如图 5－18（c）所示。圆锥塞规检验内圆锥时，要先在塞规表面顺着圆锥素线方向均匀地涂上三条显示剂（显示剂为印油、红丹粉、机油的调和物等，线与线间隔120°），然后把塞规放入内圆锥中约转动半周，最后取下塞规，观察显示剂擦去的情况。如果显示剂擦去均匀，则说明圆锥接触良好、锥度正确。如果小端擦到了而大端没擦去，说明圆锥角大了，反之，就说明圆锥角小了。

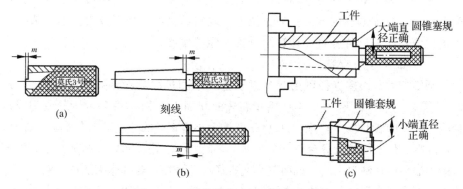

图 5－18　圆锥量规及用圆锥量规测量

（4）用正弦规检测

正弦规是一种利用三角函数中的正弦关系进行间接测量角度的精密量具。它由一块准确的钢质长方体和两个相同的精密圆柱体组成，如图 5－19（a）所示。两个圆柱之间的中心距要求很精确，两圆柱的中心连线要与长方体的工作平面严格平行。测量时，将正弦规安放在平板上，圆柱的一端用量块垫高，被测工件放在正弦规的平面上，如图 5－19（b）所示。量块组高度可以根据被测工件的圆锥半角进行精确计算获得，然后用百分表检验工件圆锥面的两端高度，若读数值相同，则表明圆锥半角准确。用正弦规测量3°以下的角度时可以达到很高的测量精度。

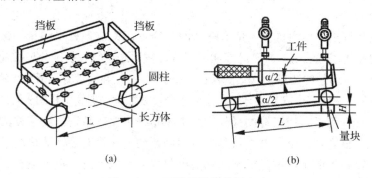

图 5－19　正弦规及其使用方法

若已知圆锥半角为 $\alpha/2$，则量块组高度为：

$$H = L\sin\frac{\alpha}{2} \qquad\qquad (5-1)$$

若已知量块组高度为 H，则圆锥半角为：

$$\sin\frac{\alpha}{2} = \frac{H}{L} \qquad\qquad (5-2)$$

如百分表检验工件圆锥面的两端高度读数值不同，则说明被测工件圆锥角度有误差，具体调整的方法是通过调整量块组的高度，使百分表两端在圆锥面的读数值相同，这样就可以计算出圆锥实际的角度。

2. 圆锥尺寸的检测

圆锥的大、小端直径可用圆锥界限量规来测量，圆锥界限量规如图 5-18（a）、图 5-18（b）所示。在塞规和套规的端面上分别有一个台阶（或刻线），台阶长度 n（或刻线之间的距离）就是圆锥大小端直径的公差范围。检验工件时，工件的端面位于圆锥量规台阶（两刻线）之间才算合格。测量外圆锥时，如果锥体的小端平面在缺口之间，说明其小端直径尺寸合格；若锥体未能进入缺口，说明其小端直径大了；若锥体小端平面超过了止端缺口，说明其小端直径小了。

（四）三角螺纹的检测

测量螺纹的主要参数有螺距与大径、小径和中径的尺寸，常见的测量方法有单项测量法和综合测量法两种。

1. 单项测量法

大径的测量：螺纹大径的公差较大，一般可用游标卡尺或千分尺进行测量。

螺距测量：在车削螺纹时，螺距的正确与否，从第一次纵向进给运动开始就要进行检查。可使第一刀在工件上划出一条很浅的螺旋线，然后用钢直尺、游标卡尺或螺距规进行测量。

中径测量：

①用螺纹千分尺测量。三角形螺纹的中径可用螺纹千分尺测量。螺纹千分尺的结构和使用方法与一般千分尺相似，其读数原理也与一般千分尺相同，只是它有两个可以调整的测量头（上测量头、下测量头）。在测量时，两个与螺纹牙型角相同的测量头正好卡在螺纹牙侧，这时千分尺读数就是螺纹中径的实际尺寸。

②用三针测量。用三针测量外螺纹中径是一种比较精密的测量方法。测量时所用的三根圆柱形量针是由量具厂专门制造的。在没有量针的情况下，也可用三根直径相等的优质钢丝或新的钻头柄部代替。测量时，把三根量针放置在螺纹两侧相对应的螺旋槽内，用千分尺量出两边量针之间的距离 M，根据 M 值可以计算出螺纹中径的实际尺寸。

2.综合测量

综合测量法是采用螺纹量规对螺纹各主要部分的使用精度同时进行综合检验的一种测量方法。这种方法效率高，使用方便，能较好地保证互换性，广泛应用于对标准螺纹或大批量生产螺纹时的测量。

螺纹量规包括螺纹环规和螺纹塞规两种，每一种螺纹量规又有通规和止规之分。测量时，如果通规刚好能旋入，而止规不能旋入，则说明螺纹精度合格。对于精度要求不高的螺纹，也可以用标准螺母和螺栓来检验，即以旋入工件时是否顺利和旋入后松动程度来确定加工出的螺纹是否合格。

（五）轴类零件几何公差的测量

1.径向圆跳动的测量

①将零件擦净，按如图5-20所示将工件置于偏摆仪两顶尖之间（带孔零件要装在心轴上），使零件转动自如，但不允许轴向窜动，然后紧固二顶尖座，当需要卸下零件时，一手扶着零件，一手向下按手把L即取下零件。

②将百分表装在表架上，使表杆通过零件轴心线，并与轴心线大致垂直，测头与零件表面接触，并压缩1～2圈后紧固表架。

③转动被测件一周，记下百分表读数的最大值和最小值，该最大值与最小值之差为Ⅱ截面的径向圆跳动误差值。

④测量应在轴向的三个截面上进行，如图5-20所示，取三个截面中圆跳动误差的最大值，为该零件的径向圆跳动误差。

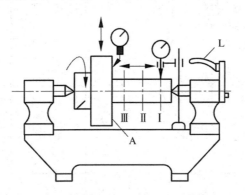

图5-20　圆跳动、同轴度的测量简图

2.端面圆跳动的测量

①将杠杆百分表夹持在偏摆检查仪的表架上，缓慢移动表架，使杠杆百分表的测量头与被测端面接触，并将百分表压缩2～3圈。

②转动工件一周，记下百分表读数的最大值和最小值，该最大值与最小值之差，即为直径处的端面跳动误差。

③在被测端面上均匀分布的三个直径处测量，取其三个中的最大值为该零件端面圆跳动误差。

3. 同轴度测量

①将被测工件安装在跳动检查仪的两顶尖间，公共基准轴线由两顶尖模拟。

②指示表压缩2～3圈。

③将被测工件回转一周，读出指示表的最大变动量 a 与最小变动量 b，则该截面上同轴度误差为：

$$f = a - b \qquad (5-3)$$

④按上述方法测量若干个截面，取各截面测得的读数中最大的同轴度误差，作为该零件同轴度误差，并判断其是否合格。

（六）偏心距的测量

1. 直接测量

两端有中心孔的偏心轴，如果偏心距较小，可以在两顶尖间测量偏心距。测量时，把工件装夹在两顶尖之间，百分表的测头与偏心轴接触，用手转动偏心轴，百分表上指示出的最大值与最小值之差的一半就等于偏心距。其测量原理如图5－21所示。

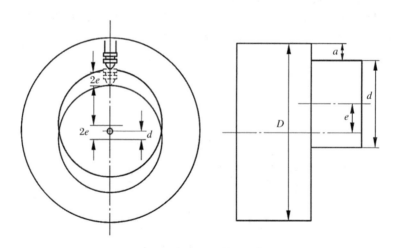

图5－21　偏心距直接测量原理

2. 间接测量

偏心距较大的工件，因为受到百分表测量范围的限制，或者无中心孔的偏心工件，就不能用上述方法测量。这时可用间接测量的方法，其测量原理如图5－22所示。

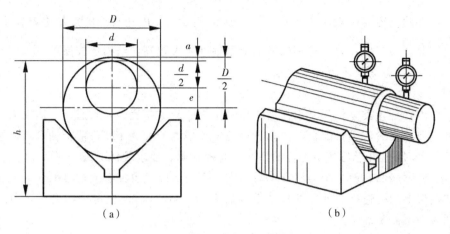

（a）　　　　　　　　　　　　　　（b）

图 5—22　偏心距的间接测量方法

如图 5—22 所示，测量时，把 V 形铁放在平板上，并把工件安放在 V 形铁中，转动偏心轴，用百分表测量出偏心轴的最高点，找出最高点后，把工件固定，再将百分表水平移动，测出偏心轴外圆到基准轴外圆之间的距离 a，则偏心距 e 的计算式为：

$$e = \frac{D}{2} - \frac{d}{2} - a \tag{5—4}$$

式中：D ——基准轴直径，mm；

　　　d ——偏心轴直径，mm，

　　　a ——基准轴外圆到偏心轴外圆之间的最小距离，mm。

第二节　套类零件加工技术

一、套类零件的功用与技术要求

（一）套类零件的功用

套类零件是指在回转体零件中的空心薄壁件，是机械加工中常见的一种零件，在各类机器中应用很广，主要起支承或导向作用。由于功用不同，套筒类零件的形状结构和尺寸有很大的差异。常见的有支承回转轴各种形式的轴承圈、轴套；夹具上的钻套和导向套；内燃机上的气缸套和液压系统中的液压缸、电液伺服阀的阀套等。

套筒类零件的结构与尺寸随其用途不同而异，但其结构一般都具有以下特点：外圆直径 d 一般小于其长度 L，通常 $\dfrac{L}{d}<5$；内孔与外圆直径之差较小，故壁薄、易变形；内、外圆回转面的同轴度要求较高；结构比较简单。

（二）套类零件的技术要求

1. 尺寸精度

内孔是套类零件起支承作用或导向作用的最主要表面，它通常与运动着的轴、刀具或活塞等相配合。内孔直径的尺寸精度一般为 IT7，精密轴套有时取 IT6，液压缸由于与其相配合的活塞上有密封圈，要求较低，故一般取 IT9。

外圆表面一般是套类零件本身的支承面，常以过盈配合或过渡配合同箱体或机架上的孔连接。外径的尺寸精度通常为 IT6～IT7，也有一些套类零件外圆表面不需要加工。

2. 几何公差

内孔的形状精度应控制在孔径公差以内，有些精密轴套控制在孔径公差的 $1/2$～$1/3$，甚至更严。对于长的套件除了圆度要求外，还应注意孔的圆柱度。外圆表面的形状精度控制在外径公差以内。套类零件本身的内外圆之间的同轴度要求较低，如最终加工是在装配前完成，则要求较高，一般为 0.01～$0.05\mathrm{mm}$。当套类零件的外圆表面不需加工时，内外圆之间的同轴度要求很低。

3. 表面粗糙度

为保证套类零件的功用和提高其耐磨性，内孔表面粗糙度为 $Ra\,0.16$～$2.5\mu\mathrm{m}$，有的要求更高达 $Ra\,0.04\mu\mathrm{m}$。外径的表面粗糙度达 $Ra\,0.63$～$5\mu\mathrm{m}$。

二、套类零件的材料选择

（一）套类零件的毛坯材料

套筒类零件的毛坯制造方式的选择与毛坯结构尺寸、材料和生产批量的大小等因素有关，孔径较大（一般直径大于 20mm）时，常采用型材（如无缝钢管）、带孔的锻件或铸件；孔径较小（一般直径小于 20mm）时，一般多选择热轧或冷拉棒料，也可采用实心铸件；大批量生产时，可采用冷挤压、粉末冶金等先进工艺，不仅节约原材料，而且生产率及毛坯质量精度均可提高。

（二）套类零件的材料

套类零件一般是用钢、铸铁、青铜等材料制成。有些滑动轴承采用双金属结构，即用离心铸造法在钢或铸铁套内壁上浇注巴氏合金等轴承合金材料，这样既可节省贵重的有色金属，又能提高轴承的寿命。

三、套类零件的加工方法

套类零件的加工顺序一般有两种情况：第一种情况是把外圆作为终加工方案，这就是从外圆粗加工开始，然后粗、精加工内孔，最后终加工外圆。这种方案适用于外圆表面是最重要表面的套类零件加工。第二种情况是把内孔作为终加工方案，也就是从内孔粗加工开始，然后粗、精加工外圆，最后终加工内孔。这种方案适用于内孔表面是最重要表面的套类零件加工。

套类零件的外圆表面加工方法根据精度要求可选择车削和磨削。内孔表面的加工方法则比较复杂，选择时要考虑零件结构特点、孔径大小、长径比、表面粗糙度和加工精度要求以及生产规模等各种因素。各种内圆表面的加工方案见表 5－3。

表 5－3　　　　　　　　　　内圆表面加工方案

序号	加工方案	经济精度	表面粗糙度 Ra 值/μm	适用范围
1	钻	IT11～IT12	12.5	加工未淬火钢及铸铁实心毛坯，也可加工有色金属，但表面稍粗糙，孔径小于 15～20mm
2	钻—铰	IT9	1.6～3.2	
3	钻—铰—精铰	IT7～IT8	0.8～1.6	
4	钻—扩	IT10～IT11	6.3～12.5	同上，但孔径大于 15～20mm
5	钻—扩—铰	IT8～IT9	1.6～3.2	
6	钻—扩—粗铰—精铰	IT7	0.8～1.6	
7	钻—扩—机铰—手铰	IT6～IT7	0.1～0.4	
8	钻—扩—拉	IT7～IT9	0.1～1.6	大批量生产（精度由拉刀精度决定）
9	粗镗（或扩孔）	IT11～IT12	6.3～12.5	除淬火钢外各种材料，毛坯有铸出孔或锻出孔
10	粗镗（粗扩）—半精镗（精扩）	IT8～IT9	1.6～3.2	
11	粗镗（扩）—半精镗（精扩）—精镗（铰）	IT7～IT8	0.8～1.6	
12	粗镗（扩）—半精镗（精扩）—精镗—浮动镗刀精镗	IT6～IT7	0.4～0.8	

续表

序号	加工方案	经济精度	表面粗糙度 Ra 值/μm	适用范围
13	粗镗（扩）—半精镗—磨孔	IT7～IT8	0.2～0.8	主要用于淬火钢，也可用于未淬火钢，但不宜用于有色金属
14	粗镗（扩）—半精镗—粗磨—精磨	IT6～IT7	0.1～0.2	
15	粗镗—半精镗—精镗—金刚镗	IT6～IT7	0.05～0.4	主要用于精度要求高的有色金属加工
16	钻—（扩）—粗铰精铰研磨； 钻—（扩）—拉—珩磨； 粗镗—半精镗—精镗—珩磨	IT6～IT7	0.025～0.2	精度要求很高的孔
17	以研磨代替上述方案中珩磨	IT6 级以上		

套类零件的加工主要是孔的加工，在钻床上加工孔的方法前面已有所介绍。另外孔加工的方法还有镗削、拉削、内圆表面磨削等。

（一）钻孔

钻孔是用钻头在实体材料上加工孔的方法，通常采用麻花钻在钻床或车床上进行钻孔，但由于钻头强度和刚性比较差，排屑较困难，切削液不易注入，因此，加工出的孔的精度和表面质量比较低，一般精度为 IT11～IT13 级，表面粗糙度为 Ra 12.5～50μm。钻孔时钻头往往容易产生偏移，其主要原因是：切削刃的刃磨角度不对称，钻削时工件端面钻头没有定位好，工件端面与机床主轴轴线不垂直等。

为了防止和减少钻孔时钻头偏移，工艺上常用下列措施：

①钻孔前先加工工件端面，保证端面与钻头中心线垂直。

②先用钻头或中心钻在端面上预钻一个凹坑，以引导钻头钻削。

③刃磨钻头时，使两个主切削刃对称。

④钻小孔或深孔时选用较小的进给量，可减小钻削轴向力，钻头不易产生弯曲而引起偏移。

⑤采用工件旋转的钻削方式。

⑥采用钻套来引导钻头。

（二）扩孔

扩孔是用扩孔刀具对已钻的孔作进一步加工，以扩大孔径并提高精度和降低表面粗糙度。扩孔后的精度可达 IT10～IT13 级，表面粗糙度为 $Ra\ 3.2\sim6.3\mu m$。通常采用扩孔钻扩孔，扩孔钻与麻花钻相比，没有横刃，工作平稳，容屑槽小，刀体刚性好，工作中导向性好，故对于孔的位置误差有一定的校正能力。扩孔通常作为铰孔前的预加工，也可作为孔的最终加工。扩孔方法和所使用的机床与钻孔基本相似，扩孔余量一般为 $D/8$。扩孔钻的形式随直径不同而不同。锥柄扩孔钻的直径为 10～32mm，套式扩孔钻的直径为 25～80mm。用于铰前的扩孔钻，其直径偏差为负值；用于终加工的扩孔钻，其直径偏差为正值。使用高速钢扩孔钻加工钢料时，切削速度可选为 15～40m/min，进给量可选为 0.4～2mm/r，故扩孔生产率比较高。当孔径大于 100mm 时，切削力矩很大，故很少应用扩孔，而应采用镗孔。

（三）铰孔

铰孔是对未淬火孔进行精加工的一种方法。铰孔时，因切削速度低、加工余量少、使用的铰刀刀齿多、结构特殊（有切削和校正部分）、刚性好、精度高等因素，故铰孔后的质量比较高，孔径尺寸精度一般为 IT7～IT10 级。铰孔分手铰和机铰，手铰尺寸精度可达 IT6 级，表面粗糙度为 $Ra\ 0.2\sim0.4\mu m$。机铰生产率高，劳动强度小，适宜于大批量生产。铰孔主要用于加工中小尺寸的孔，孔径一般在 3～150mm 范围。铰孔时以本身孔做导向，故不能纠正位置误差，因此，孔的有关位置精度应由铰孔前的预加工工序保证。为了保证铰孔时的加工质量，应注意以下几点：

1. 合理选择铰削余量和切削规范

铰孔的余量视孔径和工件材料及精度要求等而异。对孔径为 5～80mm，精度为 IT7～IT10 级的孔，一般分粗铰和精铰。余量太小时，往往不能全部切去上一工序的加工痕迹，同时由于刀齿不能连续切削而以很大的压力沿孔壁打滑，使孔壁的质量下降。余量太大时，则会因切削力大、发热多而引起铰刀直径增大及颤动，致使孔径扩大。铰孔直径及加工余量可参见表5-4。

表5-4　　　　　　　　铰孔直径及加工余量

加工余量	孔径/mm			
	12～18	＞18～30	＞30～50	＞50～75
粗铰	0.10	0.14	0.18	0.20
精铰	0.05	0.06	0.07	0.10
总余量	0.15	0.20	0.25	0.30

合理选用切削速度可以减少积屑瘤的产生，防止表面质量下降，铰削铸铁时可选为 8～10m/min；铰削钢时的切削速度要比铸铁时低，粗铰为 4～10m/min，精铰为 1.5～5m/min。铰孔的进给量也不能太小，进给量过小会使切屑太薄，致使刀刃不易切入金属层面而打滑，甚至产生啃刮现象，破坏表面质量，还会引起铰刀振动，使孔径扩大。

2. 合理选择底孔

底孔（即前道工序加工的孔）的好坏，对铰孔质量影响很大。底孔精度低，就不容易得到较高的铰孔精度。例如，上一道工序造成轴线歪斜，因为铰削量小，且铰刀与机床主轴常采用浮动连接，故铰孔时就难以纠正。对于精度要求高的孔，在精铰前应先经过扩孔、镗孔或粗铰等工序，使底孔误差减小，才能保证精铰质量。

3. 合理使用铰刀

铰刀是定尺寸精加工刀具，使用的合理与否，将直接影响铰孔的质量。铰刀的磨损主要发生在切削部分和校准部分交接处的后刀面上。随着磨损量的增加，切削刃钝圆半径也逐渐加大，致使铰刀切削能力降低，挤压作用明显，铰孔质量下降。实践经验证明，使用过程中若经常用油石研磨该交接处，可提高铰刀的耐用度。铰削后孔径扩大的程度，与具体加工情况有关。在批量生产时，应根据现场经验或通过试验来确定，然后才能确定铰刀外径，并研磨。为了避免铰刀轴线或进给方向与机床回转轴线不一致而出现孔径扩大或"喇叭口"现象，铰刀和机床一般不用刚性连接，而采用浮动夹头来装夹刀具。

4. 正确选择切削液

铰削时切削液对表面质量有很大影响，铰孔时正确选用切削液，对降低摩擦系数、改善散热条件以及冲走细屑均有很大作用，因而选用合适的切削液除了能提高铰孔质量和铰刀耐用度外，还能消除积屑瘤，减少振动，降低孔径扩张量。浓度较高的乳化油对降低表面粗糙度的效果较好，硫化油对提高加工精度效果较明显。铰削一般钢材时，通常选用乳化油和硫化油。铰削铸铁时，一般不加切削液，如要进一步提高表面质量，也可选用润湿性较好、黏性较小的煤油做切削液。

（四）镗孔

镗孔是用镗刀在已加工孔的工件上使孔径扩大并达到精度和表面粗糙度要求的加工方法。镗孔是常用的孔加工方法之一，根据工件的尺寸形状、技术要求及生产批量的不同，镗孔可以在镗床、车床、铣床、数控机床和组合机床上进行。一般回旋体零件上的孔，多用车床加工；而箱体类零件上的孔或孔系（即要求相互平行或垂直的若干孔），则可以在镗床上加工。

镗孔不但能校正原有孔轴线偏斜，而且能保证孔的位置精度，所以镗削加工适用于加工机座、箱体、支架等外形复杂的大型零件上的孔径较大、尺寸精度要求较高、有位置要求的孔和孔系。

（五）拉削加工

在拉床上用拉刀加工工件的过程称为拉削加工。拉削工艺范围广，不但可以加工各种形状的通孔，还可以拉削平面及各种组合成形表面。由于受拉刀制造工艺以及拉床动力的限制，过小或过大尺寸的孔均不适宜拉削加工（拉削孔径一般为 10～100mm，孔的深径比一般不超过 5），盲孔、台阶孔和薄壁孔也不适宜拉削加工。拉刀拉孔过程如图 5－23 所示。

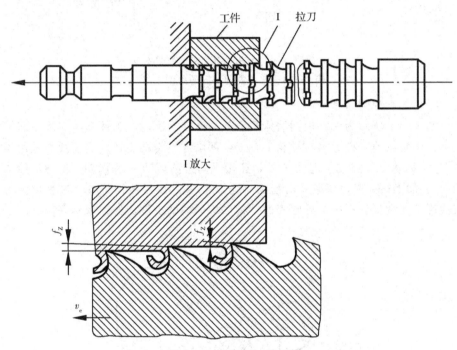

图 5－23　拉刀拉孔过程

（六）内圆表面磨削加工

内圆表面的磨削可以在内圆磨床上进行，也可以在万能磨床上进行。内圆磨床的主要类型有普通内圆磨床、无心内圆磨床和行星内圆磨床。不同类型的内圆磨床其磨削方法是不相同的。

1. 内圆磨削方法

（1）普通内圆磨床的磨削方法

普通内圆磨床是生产中应用最广的一种，图 5－24 所示为普通内圆磨床的磨削方法。磨削时，根据工件的形状和尺寸不同，可采用纵磨法（见图 5－24 (a)）、横磨法（见图 5－24 (b)），有些普通内圆磨床上备有专门的端磨装置，可在一次装夹中磨削内孔和端面（见图 5－24 (c)），这样不仅容易保证内孔和端面的垂直度，而且生产效率较高。

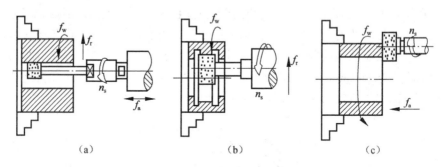

（a）纵磨法；（b）横磨法；（c）端磨装置

图 5－24　普通内圆磨床的磨削方法

（2）无心内圆磨床磨削

图 5－25 所示为无心内圆磨床的磨削方法。磨削时，工件支承在滚轮和导轮上，压紧轮使工件紧靠在导轮上，工件即由导轮带动旋转，实现圆周进给运动 f_w。砂轮除了完成主运动 n_s 外，还做纵向进给运动 f_a 和周期性横向进给运动 f_r。加工结束时，压紧轮沿箭头 A 方向摆开，以便装卸工件。这种磨削方法适用于大批量生产中，外圆表面已精加工的薄壁工件，如轴承套等。

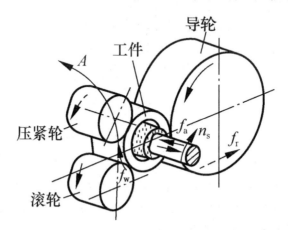

图 5－25　无心内圆磨床的磨削方法

2. 内圆磨削的工艺特点及应用范围

内圆磨削与外圆磨削相比，加工条件比较差，内圆磨削有以下一些特点：

①砂轮直径受到被加工孔径的限制，直径较小。砂轮很容易磨钝，需要经常修整和更换，增加了辅助时间，降低了生产率。

②砂轮直径小，即使砂轮转速高达每分钟几万转，要达到砂轮圆周速度 $25\sim30\mathrm{m/s}$ 也是十分困难的，由于磨削速度低，因此内圆磨削比外圆磨削效率低。

③砂轮轴的直径尺寸较小，而且悬伸较长，刚性差，磨削时容易发生弯曲和振动，从而影响加工精度和表面粗糙度。内圆磨削精度可达 IT6～IT7，表面粗糙度可达 $Ra\ 0.2\sim0.8\mu\mathrm{m}$。

④切削液不易进入磨削区，磨屑排除较外圆磨削困难。虽然内圆磨削比外圆磨削加工条件差，但仍然是一种常用的精加工孔的方法，特别适用于淬硬的孔、断续表面的孔（带键槽或花键槽的孔）和长度较短的精密孔的加工。磨孔不仅能保证孔本身的尺寸精度和表面质量，还能提高孔的位置精度和轴线的直线度；用同一砂轮，可以磨削不同直径的孔，灵活性大。内圆磨削可以磨削圆柱孔（通孔、盲孔、阶梯孔）、圆锥孔及孔端面等。

四、套类零件的质量检测

（一）孔径的测量

测量孔径尺寸时，应根据工件的尺寸、数量及精度要求，使用相应的量具进行。如果孔的精度要求较低，可用钢直尺、游标卡尺测量。精度要求较高时可用以下几种量具测量。

1. 塞规

在成批生产中，为了测量方便，常用塞规测量孔径。塞规由通端、止端和手柄组成。通端的尺寸等于孔的最小极限尺寸，止端的尺寸等于孔的最大极限尺寸。为了明显区别通端与止端，塞规止端长度比通端长度要短一些。测量时，如通端通过，而止端不能通过，说明尺寸合格。测量盲孔的塞规应在其外圆上沿轴向开有排气槽。使用塞规时，应尽可能使塞规与被测工件的温度一致，不要在工件还未冷却到室温时就去测量。测量内孔时，不可硬塞强行使之通过，一般只能靠塞规自身重力自由通过。测量时塞规轴线应与孔轴线一致，不可歪斜。

2. 内径千分尺

用内径千分尺可测量孔径。内径千分尺由测微头和各种尺寸的接长杆组成。内径千分尺的读数方法和外径千分尺相同，但由于内径千分尺无测力装置，因此有一定的测量误差。

测量时，内径千分尺应在孔内轻微摆动，在直径方向找出最大尺寸，在轴向找出最小尺寸，当这两个尺寸重合时，就是孔的实际尺寸。

3. 内测千分尺

内测千分尺是内径千分尺的一种特殊形式。这种千分尺的刻线方向与外径千分尺相反，当顺时针旋转微分筒时，活动爪向右移动，测量值增大。其使用方法与使用游标卡尺的内测量爪测量内径尺寸的方法相同。由于结构设计，其测量精度低于其他类型的千分尺。

4. 内径百分表

百分表是一种指示式量仪，其刻度值为 0.01mm。刻度值为 0.001mm 或 0.002mm 的称为千分表。常用的百分表有钟表式和杠杆式两种。

在测量前，应使百分表指针对准零位。测量时为得到准确的尺寸，活动测量头应在孔直径方向摆动并找出最大值，在孔的轴线方向摆动找出最小值，这两个尺寸重合就是孔径的实际尺寸。内径百分表主要用于测量精度要求较高而且又较深的孔。

5. 深度游标卡尺和深度千分尺

测量内孔深度、槽深和台阶高度的量具通常有深度游标卡尺和深度千分尺等。

用于测量零件的深度尺寸或台阶高低和槽的深度。它的结构特点是尺框的两个量爪连在一起成为一个带游标的测量基座，基座的端面和尺身的端面就是它的两个测量面。测量内孔深度时应把基座的端面紧靠在被测孔的端面上，使尺身与被测孔的中心线平行，伸入尺身，则尺身端面至基座端面之间的距离就是被测零件的深度尺寸。它的读数方法和游标卡尺完全一样。

测量时，先把测量基座轻轻压在工件的基准面上，两个端面必须接触工件的基准面；测量轴类等台阶时，测量基座的端面一定要压紧在基准面；再移动尺身，直到尺身的端面接触到工件的量面（台阶面）上，然后用紧固螺钉固定尺框，提起卡尺，读出深度尺寸。多台阶小直径的内孔深度测量，要注意尺身的端面是否在要测量的台阶上。当基准面是曲线时，测量基座的端面必须放在曲线的最高点上，测量出的深度尺寸才是工件的实际尺寸，否则会出现测量误差。

深度千分尺用以测量孔深、槽深和台阶高度等。它的结构，除用基座代替尺架和测砧外，与外径千分尺没有什么区别。

深度千分尺的读数范围（mm）为：0～25，25～100，100～150，读数值（mm）为 0.01。它的测量杆 6 制成可更换的形式，更换后，用锁紧装置 4 锁紧。

深度千分尺校对零位可在精密平面上进行，即当基座端面与测量杆端面位

于同一平面时，微分筒的零线正好对准。当更换测量杆时，一般零位不会
改变。

深度千分尺测量孔深时，应把基座的测量面紧贴在被测孔的端面上。零件
的这一端面应与孔的中心线垂直，且应当光洁平整，使深度百分尺的测量杆与
被测孔的中心线平行，保证测量精度。此时，测量杆端面到基座端面的距离就
是孔的深度。

（二）形状精度的测量

在车床上加工圆柱孔时，其形状精度一般只测量圆度和圆柱度误差。

1. 孔的圆度误差测量

在车间中，孔的圆度误差一般可用内径百分表或内径千分表测量。测量前
应根据被测孔的尺寸值，借助环规或外径千分尺将内径百分表调到零位，然后
将测量头放入孔内，在孔的各个方向上测量并读数，那么在测量截面内读取的
最大值与最小值之差的一半即为单个截面的圆度误差。按上述方法测量若干个
截面，取其中最大的误差作为该圆柱孔的圆度误差。

2. 孔的圆柱度误差测量

孔的圆柱度误差可用内径百分表在孔的全长上，取前、中、后各段测量几
个截面的孔径尺寸，比较各个截面测量出的最大值与最小值，然后取其最大值
与最小值之差的一半即为孔全长的圆柱度误差。

（三）位置精度测量

①径向圆跳动的测量，一般测量套类零件的径向圆跳动时，都可以用内孔
作为基准，把工件套在精度很高的心轴上，再将心轴安装在偏摆仪的两顶尖
间，用百分表（或千分表）来检验套的外圆。百分表在工件转动一周所得的读
数差，即为该截面的圆跳动误差，取各截面上测量得到的最大差值，即为该工
件的径向圆跳动误差。

若某些外形比较简单而内部形状比较复杂的套筒，如图 5-26（a）所示，
不能装夹在心轴上测量径向圆跳动时，可把工件放在 V 形架上，如图 5-26
（b）所示轴向定位，以外圆为基准来检验。测量时，用杠杆式百分表的测杆插
入孔内，使测杆圆头接触内孔表面，转动工件，观察百分表指针跳动情况。百
分表在工件旋转一周中的最大读数差，就是工件的径向圆跳动误差。

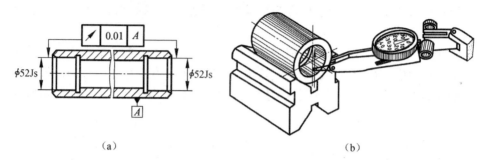

（a）工件样图；（b）测量方法

图 5－26 在 V 形架上检测工件径向圆跳动

②端面圆跳动的测量，套类工件端面圆跳动的测量方法如图 5－26（b）所示，将杠杆百分表的测量头靠在需测量的端面上，工件转动一周，百分表的最大读数差即为测量面上被测直径处的端面圆跳动。按上述方法在若干个不同直径处进行测量，其跳动量的最大值即为该工件的端面圆跳动误差。

③端面对轴线垂直度的测量，如前所述，端面圆跳动与端面对轴线的垂直度是两个不同的概念，不能简单地用端面圆跳动来评定端面对轴线的垂直度。因此，测量端面垂直度时，首先要测量端面圆跳动是否合格，如合格，再测量端面对轴线的垂直度。对于精度要求较低的工件，可用刀口直角尺或游标卡尺尺身侧面透光检查。对精度要求较高的工件，当端面圆跳动合格后，再把工件安装在 V 形架的小锥度心轴上，并放在精度很高的平板上。测量时，将杠杆式百分表的测量头从端面的最内一点沿径向向外拉出，如图 5－27 所示。百分表指示的读数差就是端面对内孔轴线的垂直度误差。

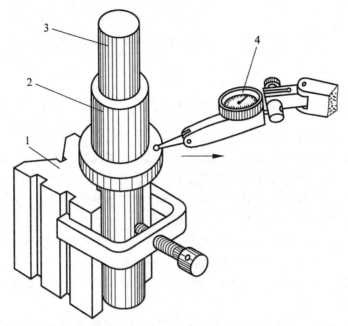

1—V形架；2—工件；3—小锥度心轴；4—百分表

图5—27　工件端面垂直度检测

（四）表面结构的测量方法

表面结构的测量方法常用比较法、光切法、干涉法和描针法四种。比较法是车间常用的方法，将被测量表面对照表面结构样板，用肉眼判断或借助于放大镜、比较显微镜比较，也可用手摸、指甲划动的感觉来判断被加工表面的表面粗糙度；光切法是利用"光切原理"（光切显微镜）来测量表面粗糙度；干涉法是利用光波干涉原理（干涉显微镜）来测量表面粗糙度，被测表面直接参与光路，同一标准反射镜比较，以光波波长来度量干涉条纹弯曲程度，从而测得该表面的表面粗糙度；描针法是利用电动轮廓仪（表面结构检查仪）的触针直接在被测表面上轻轻划过，从而测出表面粗糙度的方法。

比较法测量表面粗糙度是生产中常用的方法之一，此方法是用表面粗糙度比较样板与被测表面比较，判断表面粗糙度的数值。尽管这种方法不够严谨，但它具有测量方便、成本低、对环境要求不高等优点，所以被广泛应用于生产现场检验一般表面粗糙度。

第三节　箱体类零件加工技术

一、箱体类零件的功用与技术要求

（一）箱体类零件的功用

箱体类零件是机器或部件的基础件，它将机器或部件中的轴、轴承、套和齿轮等零件按一定的相互位置关系连在一起，按一定的传动关系协调地运动。因此，箱体类零件的加工质量，不但直接影响箱体的装配精度和运动精度，而且还会影响机器的工作精度、使用性能和寿命。

图5－28所示为几种常见箱体零件的简图。由图可见，各种箱体零件尽管形状各异、尺寸不一，但其结构均有以下的主要特点：

①外形基本上是由六个或五个平面组成的封闭式多面体，又分成整体式和组合式两种。

②结构形状比较复杂。其内部常为空腔型，某些部位有"隔墙"，箱体壁薄且厚薄不均。

③箱壁上通常都布置有平行孔系或垂直孔系。

④箱体上的加工面，主要是大量的平面，此外还有许多精度要求较高的轴承支承孔和精度要求较低的紧固用孔。

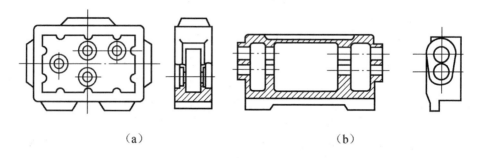

（a）　　　　　　　　　　　　　　　　　　　（b）

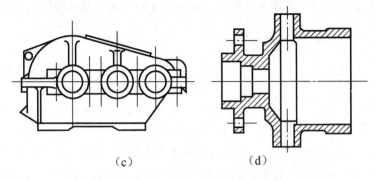

（a）组合机床主轴箱；（b）车床进给箱；（c）分离式减速器；（d）泵壳

图 5—28　几种常见的箱体零件简图

（二）箱体类零件的技术要求

1. 孔径精度

孔径的尺寸误差和几何形状误差会造成轴承与孔的配合不良。孔径过大，配合过松，使主轴回转轴线不稳定，并降低了支承刚度，易产生振动和噪声；孔径过小，会使配合过紧，轴承将因外圈变形而不能正常运转，缩短寿命。装轴承的孔不圆，也会使轴承外圈变形而引起主轴径向跳动，因此，对孔的精度要求是较高的。主轴孔的尺寸公差等级为 IT6，其余孔为 IT6～IT7。孔的几何形状精度未做规定，一般控制在尺寸公差范围内。

2. 孔与孔的位置精度

同一轴线上各孔的同轴度误差和孔端面对轴线的垂直度误差，会使轴和轴承装配到箱体内出现歪斜，从而造成主轴径向跳动和轴向窜动，也加剧了轴承磨损。孔系之间的平行度误差，会影响齿轮的啮合质量。一般同轴上各孔的同轴度约为最小孔尺寸公差的一半。

3. 孔和平面的位置精度

一般都要规定主要孔和主轴箱安装基面的平行度要求，它们决定了主轴和床身导轨的相互位置关系。这项精度是在总装通过刮研来达到的。为了减少刮研工作量，一般都要规定主轴轴线对安装基面的平行度公差。在垂直和水平两个方向上，只允许主轴前端向上和向前偏。

4. 主要平面的精度

装配基面的平面度影响主轴箱与床身连接时的接触刚度，加工过程中作为定位基准面则会影响主要孔的加工精度。因此规定底面和导向面必须平直，用涂色法通过检查接触面积或单位面积上的接触点数来衡量平面度的大小。顶面的平面度要求是为了保证箱盖的密封性，防止工作时润滑油泄出。当大批量生产将其顶面用作定位基面加工孔时，对它的平面度要求还要提高。

二、箱体类零件的材料选择

箱体类零件有复杂的内腔，应选用易于成型的材料和制造方法。铸铁容易成型，切削性能好，价格低廉，并且具有良好的耐磨性和减振性，因此，箱体零件的材料大多选用 HT200～HT400 的各种牌号的灰铸铁。最常用的材料是 HT200，而对于较精密的箱体零件则选用耐磨铸铁。

铸件毛坯的精度和加工余量是根据生产批量而定的。对于单件小批量生产，一般采用木模手工造型。这种毛坯的精度低，加工余量大，其平面余量一般为 7～12mm，孔在半径上的余量为 8～14mm。在大批量生产时，通常采用金属模机器造型。此时毛坯的精度较高，加工余量可适当减低，则平面余量为 5～10mm，孔（半径上）的余量为 7～12mm。为了减少加工余量，对于单件小批量生产，直径大于 50mm 的孔和成批生产直径大于 30mm 的孔，一般都要在毛坯上铸出预孔。另外，在毛坯铸造时，应防止砂眼和气孔的产生，应使箱体零件的壁厚尽量均匀，以减少毛坯制造时产生的残余应力。

热处理是箱体零件加工过程中的一个十分重要的工序，需要合理安排。由于箱体零件的结构复杂，壁厚也不均匀，因此，在铸造时会产生较大的残余应力。为了消除残余应力，减少加工后的变形和保证精度的稳定，在铸造之后必须安排人工时效处理。人工时效的工艺规范为：加热到 500～550℃，保温 4～6h，冷却速度小于或等于 30℃/h，出炉温度小于或等于 200℃。

三、箱体类零件的加工方法

（一）箱体平面的加工

箱体上平面的粗加工和半精加工一般采用铣削或刨削的方法，精加工则采用磨削的方法。在成批大量生产中，常在专用机床上铣削平面。

1. 铣削加工平面

箱体上的平面可在铣床上进行铣削。常用的铣床有卧式升降台铣床、立式升降台铣床和龙门铣床等。铣床除了用来加工平面外，还能用来加工各种成形面、沟槽等，此外在铣床上安装孔加工刀具，如用钻头、铰刀、镗刀来加工孔。

铣削常用的方式有两种：用圆柱铣刀加工平面的方法叫周铣法；用面铣刀加工平面的方法叫端铣法。加工时，这两种铣削方法又形成了不同的铣削方式。在选择铣削方法时，要充分注意它们各自的特点，选取合理的铣削方式，以保证加工质量及提高生产率。

周铣法有逆铣和顺铣两种铣削方式，铣刀主运动方向与进给运动方向之间的夹角为锐角时称为逆铣，为钝角时称为顺铣，如图5－29所示。

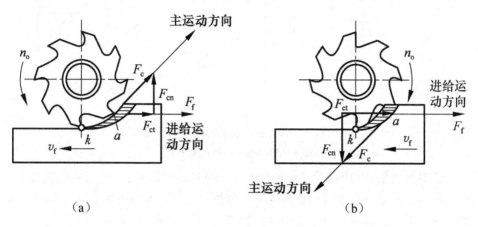

（a）逆铣；（b）顺铣

图5－29　逆铣与顺铣

如图5－29（a）所示，逆铣时，每齿的切削厚度从零增加到最大值，切削力也由零逐渐增加到最大值，避免了刀齿因冲击而破损。但由于铣刀刀齿每当切入工件的初期，都要先在工件已加工表面上滑行一段距离，直到切削厚度足够大时，才切入工件，故刀齿后刀面在已加工表面的冷硬层上挤压、滑行而加剧磨损，因而刀具使用寿命降低，且使工件表面质量变差。在铣削过程中，还有铣刀对工件上抬的分力 F_{cn} 影响工件夹持的稳定性。

顺铣如图5－29（b）所示，刀齿切削厚度从最大开始，因而避免了挤压、滑行现象。同时，铣刀工作刃刀对工件垂直方向的铣削分力 F_{cn} 始终压向工件，不会使工件向上抬起，因而顺铣能提高铣刀的使用寿命和加工表面质量。但由于顺铣时渐变的水平分力 F_{ct} 与工件进给运动的方向相同，而铣床的进给丝杆与螺母间必然有间隙。如果铣床纵向进给机构没有消除间隙的装置，则当水平分力 F_{ct} 较小时，工作台进给由丝杆驱动；当水平分力 F_{ct} 变得足够大时，则会使工作台突然向前窜动，使工件进给量不均匀，甚至可能打刀。如果铣床纵向工作台的丝杆螺母有消除间隙装置（如双螺母或滚珠丝杆），则窜动不会发生，因而采用顺铣是适宜的。如果铣床上没有消隙机构，最好还是采用逆铣，逆铣时 F_{ct} 与 F_f 方向相同，不会产生上述问题。

用面铣刀加工平面时，根据铣刀和工件相对位置不同，可分为三种不同的铣削方式，如图5－30所示。

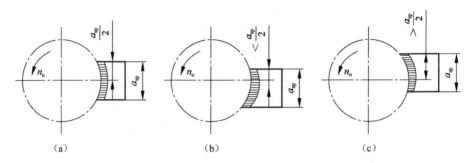

（a）对称铣；（b）不对称逆铣；（c）不对称顺铣

图 5－30　面铣刀的铣削方式

①对称铣削，如图 5－30（a）所示。面铣刀安装在与工件对称的位置上，即面铣刀中心线在铣削接触弧深度的对称位置上，切入的切削层与切出的切削层对称，平均的公称切削厚度较大，即使每齿进给量 f_z 较小，也可使刀齿在工件表面的硬化层下工作。因此，常用于铣削淬硬钢或精铣机床导轨，工件表面粗糙度均匀，刀具寿命较高。

②不对称逆铣，如图 5－30（b）所示。这种铣削方式在切入时公称切削厚度最小，切出时公称切削厚度较大。由于切入时的公称切削厚度小，可减小冲击力而使切削平稳，并可获得最小的表面粗糙度，如精铣 45 钢，Ra 值比不对称顺铣小一半。用于加工碳素结构钢、合金结构钢和铸铁，可提高刀具寿命 1～3 倍；铣削高强度低合金钢（如 16Mn）可提高刀具寿命 1 倍以上。

③不对称顺铣如图 5－30（c）所示。面铣刀从较大的公称切削厚度处切入，从较小的公称切削厚度处切出，切削层对刀齿压力逐渐减小，金属黏刀量小，在铣削塑性大、冷硬现象严重的不锈钢和耐热钢时，可较显著地提高刀具寿命。

铣削为断续切削，冲击、振动很大。铣刀刀齿切入或切出工件时产生冲击，面铣刀尤为明显。当冲击频率与机床固有频率相同或为倍数时，冲击振动加剧。此外，高速铣削时刀齿还经受时冷时热的温度骤变，硬质合金刀片在这样的力和热的剧烈冲击下，易出现裂纹和崩刃，使刀具寿命下降。

铣削时箱体直接装夹在工作台上，可在卧式铣床上用圆柱铣刀铣削，也可在立式铣床上用端铣刀铣削。

2. 刨削加工平面

刨削是最普遍的平面加工方法之一，它的主运动为直线往复运动，并断续地加工零件表面，由于空行程、冲击和惯性力等，限制了刨削生产率和精度的提高，因此，刨削加工的特点是：

①机床和刀具的结构较简单，通用性较好。刨削主要用于加工平面，机座、箱体、床身等零件上的平面常采用刨削。例如，将机床稍加调整或增加某些附件，也可用来加工齿轮、齿条、花键、母线为直线的成形面等。特别是牛头刨床，刀具简单，机床成本低，现在单件修配中应用仍很广泛。

②生产率较低。由于刨削回程不进行切削，加工不是连续进行的，冲击较严重。另外，刨削时常用单刃刨刀切削，刨削用量也较低，故刨削加工生产率较低，一般仅用于单件小批生产。但在龙门刨床上加工狭长平面时，可进行多件或多刀加工，生产率有所提高。

③刨削的加工精度一般可达 IT7～IT8，表面粗糙度可控制在 Ra 1.6～6.3μm，但刨削加工可保证一定的相互位置精度，故常用龙门刨床来加工箱体和导轨的平面。当在龙门刨床上采用较大的进给量进行平面的宽刀精刨时，表面粗糙度可控制在 Ra 0.8～1.6μm。

因刨削的切削速度、加工表面质量、几何精度和生产率，在一般条件下都不太高，所以在批量生产中常被铣削、拉削和磨削所取代。但在加工一些中小型零件上的槽时（如 V 形槽、丁形槽、燕尾槽），刨削也有突出的优点。如图 5－31 所示导轨的燕尾槽配合面，加工时只要将牛头刨床的刀架调整到所要求的角度，只需采用普通刨刀和通用量具，即可进行加工，而且加工前的准备工作较少，适应性强。如采用铣削加工，还需要预先制造专用铣刀，加工前的准备周期长。因此，对于单件小批量生产工件上的燕尾槽，一般多用刨削加工。

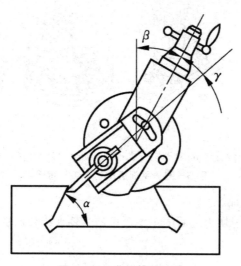

图 5－31　燕尾槽的刨削

铣削和刨削相比，铣削的生产率高。如果平面通过铣削或刨削后还不能满足要求，这时可进行磨削或钳工刮削，平面的表面粗糙度可达 $Ra\,0.32\sim$ $1.25\mu m$。

3. 磨削加工平面

表面质量要求较高的各种平面的半精加工和精加工，常采用平面磨削方法，例如，汽缸体面、缸盖面、箱体及机床导轨面等。平面磨削常用的机床是平面磨床，砂轮的工作表面可以是圆周表面，也可以是端面。用砂轮周边磨削，砂轮与工件接触面积小，发热量小，冷却和排屑条件好，可获得较高的加工精度和较小的表面粗糙度值，但生产率较低。用砂轮的端面磨削，因砂轮与工件的接触面积大，磨削力增大，发热量增加，而冷却、排屑条件差，加工精度及表面质量低于周边磨削方式，但生产率较高。

当采用砂轮周边磨削方式时，磨床主轴按卧式布局；当采用砂轮端面磨削方式时，磨床主轴按立式布局。平面磨削时，工件可安装在做往复直线运动的矩形工作台上，也可安装在做圆周运动的圆形工作台上。按主轴布局及工作台形状的组合，平面磨床可分为四类：卧轴矩台式、立轴矩台式、立轴圆台式和卧轴圆台式。它们的加工方式、砂轮和工作台的布置及运动如图 5—32 所示。图中砂轮旋转为主运动 n_o，矩台的直线往复运动或圆台的回转为纵向进给运动 f_w，用砂轮的周边磨削时，通常砂轮的宽度小于工件的宽度，所以卧式主轴平面磨床还需要横向进给运动 f_a，且 f_a 是周期性的。

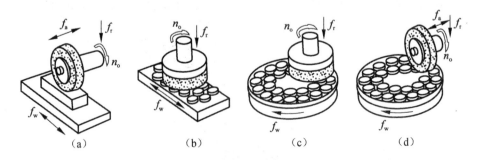

(a) 卧轴矩台式；(b) 立轴矩台式；(c) 立轴圆台式；(d) 卧轴圆台式

图 5—32　平面磨削的加工示意图

4. 平面的光整加工

光整加工是继精加工之后的工序，可使零件获得较高的精度和较小的表面粗糙度。

(1) 刮削

刮削平面可使两个平面之间达到良好接触和紧密吻合，能获得较高的形状精度，成为具有润滑油膜的滑动面。因此，可以减少相对运动表面间的磨损和增强零件接合面间的刚度，可靠地提高设备或机床的精度。

刮削是平面经过预先精刨或精铣加工后，利用刮刀刮除工件表面薄层的加工方法。刮削表面质量是用单位面积上接触点的数目来评定的。刮削表面接触点的吻合度，通常用红油粉涂色作显示，以标准平板、研具或配研的零件来检验。

刮削的最大优点是不需要特殊设备和复杂的工具，却能达到很高的精度和很小的表面粗糙度，且能加工很大的平面。但生产效率很低、劳动强度大、对操作者的技术要求高，目前多采用机动刮削方法来代替繁重的手工操作。

（2）研磨

研磨平面的工艺特点和研磨外圆相似，并可分为手工研磨和机械研磨。研磨后尺寸精度可达 IT5 级，表面粗糙度可达 $Ra\ 0.006\sim0.1\mu m$。手工研磨平面必须有准确的研磨板，合适的研磨剂，并需要有正确的操作技术，且生产效率较低。机械研磨适用于加工中小型工件的平行平面，其加工精度和表面粗糙度由研磨设备来控制。机械研磨的加工质量和生产率比较高，常用于大批大量生产。

（二）箱体孔系的加工方法

箱体上一系列有相互位置精度要求的孔的组合称为孔系。孔系可分为平行孔系、同轴孔系和交叉孔系等。

1. 平行孔系的加工

平行孔系是指孔的轴线相互平行的一组孔。平行孔系的主要技术要求是各平行孔轴心线之间，孔轴心线与基准面之间的距离尺寸度和平行度。单件小批生产中的中小型箱体及大型箱体的平行孔系，一般采用找正法和坐标法来加工；批量较大的中小型箱体则经常采用镗模法加工。

2. 同轴孔系的加工

同轴孔系是指有同轴度要求的孔系，在生产中，一般采用镗模加工孔系，其同轴度由镗模保证。单件小批生产，其同轴度可利用已加工孔系作支承导向，利用镗床后立柱上的导向套支承镗杆，采用调头镗等几种方法保证。

（3）交叉孔系的加工

交叉孔系主要技术要求是控制有关孔的垂直度。交叉孔系在普通镗床上主要靠机床工作台上的90°对准装置对准，其精度需凭经验。要提高对准精度，可用心棒与百分表找正的方法。

目前，箱体在单件小批生产中都采用加工中心，不仅生产率高，加工精度高，而且适用范围广，设备利用率高。

箱体在大量生产中广泛采用自动线进行加工，大大提高了劳动生产率，降低了成本，减轻了工人的劳动强度，而且能稳定地保证加工质量。

四、箱体类零件的质量检测

箱体检验项目主要包括加工表面的表面粗糙度、孔和平面的几何公差、孔的尺寸精度、孔系的相互位置精度。

（一）用平面度检查仪测量平台的直线度误差

为了控制箱体平面的直线度误差，常在给定平面（垂直平面或水平平面）内进行检测，常用的测量器具有各种精密的水平仪。由于被测表面存在直线度误差，测量器具置于不同的被测部位上时，其倾斜角将发生变化，若节距（相邻两点的距离）一经确定，这个微小倾角与被测两点的高度差就有明确的函数关系，通过逐个节距的测量，得出每一变化的倾斜度，经过作图或计算，即可求出被测表面的直线度误差值。

框式水平仪是水平测量仪中较简单的一种。它由读数用的主水准器、定位用的横水准器、作测量基面的框式金属主体、盖板和调零装置组成。主水准器的两端套以塑料管，并用胶液黏结于金属座上，主水准器气泡的位置由偏心调节器进行调整。框式水平仪的使用方法如下：

①将被测件定位。

②根据水平仪的工作长度，在被测件整个长度上均匀布点，将水平仪放在桥板上，按标记将水平仪首尾相接进行移动，逐段进行测量。

③测量时，后一点相对于前一点的读数差就会引起气泡的相应位移，由水准器刻度观其读数（后一点相对于前一点位置升高为正，反之之为负）。正方向测量完后，用相同的方法反方向再测量 次，将读数填入实验报告中。

④将两次测量结果的平均值累加，用累积值作图，按最小区域包容法求出直线度误差值 f。

⑤将计算结果与公差值比较，作出合格性结论。

对于精密箱体，用水平仪可测孔的母线直线度。0.02/1000 的水平仪就有很高的当量灵敏度。用准直仪测量孔母线直线度，被测时使孔轴心线与准直仪光轴方向平行，当检具沿孔轴线移动时，如孔母线不直，光线经过反射镜反射，在准直仪上将反映出两倍于平面反射镜的倾角变化。可直接读取误差，如图 5—33 所示。

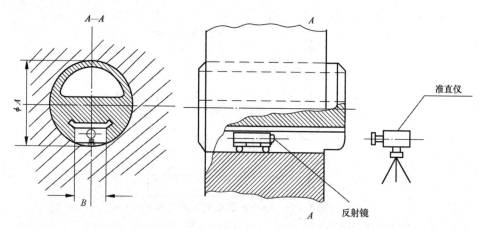

图 5－33　用准直仪测量母线的直线度

平面几何公差的检验，直线度可用准直仪、水平仪和平尺检验。平面度用平台及百分表等相互组合方式进行检验。

（二）用千分表测量平面度误差

常见的平面度测量方法有用千分表测量、用光学平晶测量、用水平仪测量及用自准直仪和反射镜测量平面度误差，无论用哪种方法测得的平面度测值，都应进行数据处理，然后按一定的评定准则处理结果。

1. 平面度误差的测量原理

平面度误差的测量是根据与理想要素相比较的原则进行的。用标准平板作为模拟基准，利用指示表和指示表架测量被测平板的平面度误差。

如图 5－34 所示，测量时将被测工件支承在基准平板上，基准平板的工作面作为测量基准，在被测工件表面上按一定的方式布点，通常采用的是米字形布线方式。用指示表对被测表面上各点逐行测量并记录所测数据，然后按一定的方法评定其误差值。

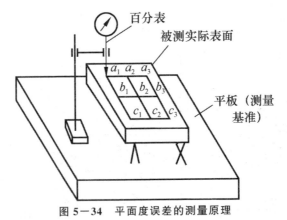

图 5—34　平面度误差的测量原理

2. 直线度误差的评定方法

最小包容区域法。由两平行平面包容实际被测要素时，实现至少四点或三点接触，且具有下列形式之一者，即为最小包容区域，其平面度误差值最小。最小包容区域的判别方法有下列三种接触形式。

①两平行平面包容被测表面时，被测表面上有 3 个最低点（或 3 个最高点）及 1 个最高点（或 1 个最低点）分别与两包容平面接触，并且最高点（或最低点）能投影到 3 个最低点（或 3 个最高点）之间，则这两个平行平面符合最小包容区原则。如图 5—35（a）所示。

②被测表面上有 2 个最高点和 2 个最低点分别与两个平行的包容面相接触，并且 2 个最高点投影于 2 个低点连线的两侧，则两个平行平面符合平面度最小包容区原则。如图 5—35（b）所示。

③被测表面的同一截面内有 2 个最高点及 1 个低点（或相反）分别和两个平行的包容面相接触，则该两平行平面符合平面度最小包容区原则。如图 5—35（c）所示。

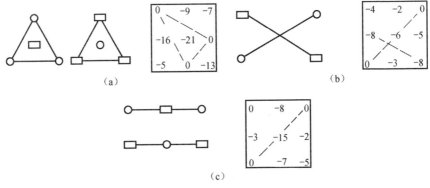

图 5—35　平面度误差的最小区域判别法

平面度误差值用最小区域法评定，结果数值最小，且唯一，并符合平面度误差的定义。但在实际工作中需要多次选点计算才能获得，因此它主要用于工艺分析和发生争议时的仲裁。

3. 平面度误差的评定方法

在满足零件使用功能的前提下，检测标准规定可用近似方法来评定平面度误差。常用的方法有三角形法和对角线法。

①三角形法：三角形法是以通过被测表面上相距最远且不在一条直线上的3个点建立一个基准平面，各测点对此平面的偏差中最大值与最小值的绝对值之和为平面度误差。实测时，可以在被测表面上找到3个等高点，并且调到零。在被测表面上按布点测量，与三角形基准平面相距最远的最高和最低点间的距离为平面度误差值，三点法评定结果受选点的影响，使结果不唯一，一般用于低精度的工件。

②对角线法：采集数据前先分别将被测平面的两对角线调整为与测量平板等高，然后在被测表面上均匀取9点用百分表采集数据，作平行于两对角线且过最高点和最低点两平行平面，则其平面度误差为上、下两平行平面之间的距离，即最高点读数值减去最低读数值。对角线法选点确定，结果唯一。计算出的数值虽稍大于定义值，但相差不多，且能满足使用要求，故应用较广。

（三）孔系相互位置精度的检验

测量同轴度可用圆度仪检验，或用三坐标测量装置及 V 形架和带指示表的表架等测量，精度要求不高的同轴度可用检验棒或用准直仪检验。孔心距、孔轴心线间的平行度，孔轴心线垂直度及孔轴心线与端面的垂直度都是利用检验棒、千分尺、百分表、直角尺及平台等相互组合进行检测。

位置度的合格性还用综合量规检验。如图 5－36 所示的法兰盘，要求在法兰盘上装螺钉用的四个孔具有以中心孔为基准的位置度。测量时，将量规的基准测销和固定测销插入零件中，再将活动测销插入其他孔中，如果都能插入零件和量规的对应孔中，就能判断四个孔的位置合格。

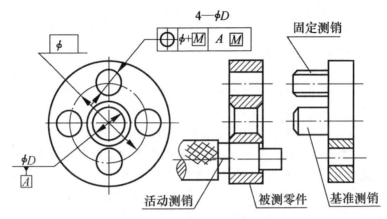

图 5-36 量规检验孔的位置度

第六章 现代制造技术的创新发展

第一节 先进制造技术

一、超高速加工技术

（一）超高速加工的概念

超高速加工技术是指采用超硬材料的刀具、磨具和能可靠地实现高速运动的高精度、高自动化、高柔性的制造设备，以极高的切削速度来达到提高材料切除率、加工精度和加工质量的现代制造加工技术。它是提高切削和磨削效果以及提高加工质量、加工精度和降低加工成本的重要手段。其显著标志是当被加工塑性金属材料在切除过程中的剪切滑移速度达到或超过某一区域阻值后，开始趋向最佳切除条件，使得被加工材料切除所消耗的能量、切削力、工件表面温度、刀具磨具磨损、加工表面质量等明显优于传统切削速度下的指标，而加工效率则大大高于传统切削速度下的加工效率。

超高速加工是一个相对的概念，不同的工件材料、不同的加工方式有着不同的切削速度范围。一般认为，超高速加工各种材料的切削速度范围：铝合金为 $2000\sim7500m/min$；铸铁为 $900\sim5000m/min$；钢为 $600\sim3000m/min$；超耐热镍合金为 $80\sim500m/min$；钛合金为 $150\sim1000m/min$；纤维增强塑料为 $2000\sim9000m/min$。各种加工方式的切削速度范围：车削为 $700\sim7000m/min$；铣削为 $300\sim6000m/min$；钻削为 $200\sim1100m/min$；磨削为 $150m/s$ 以上。

超高速切削和磨削机理的研究主要是对超高速加工条件下切削、磨削过程以及产生的各种切削、磨削现象的理论进行研究。它是超高速加工技术中最基本的技术支撑，其涉及的关键技术有：超高速切削磨削的加工过程研究，超高速切削加工现象及切削工艺参数优化的研究，各种材料的超高速切削机理研究，超高速磨削技术中各种磨削现象及各种材料磨削的机理研究，超高速磨削

（切削）虚拟实际的磨削技术开发研究，以及超高速主轴单元制造技术，超高速进给单元制造技术，超高速加工用刀具、磨具，超高速机床支承及辅助单元制造技术，超高速加工测试技术等。

（二）超高速加工的特点

1. 大幅度提高切削、磨削效率

随着切削速度的大幅度提高，进给速度也相应提高 5～10 倍，单位时间材料切除率可提高 3～6 倍，零件加工时间可缩减到原来的 1/3，提高了加工效率和设备利用率，缩短了生产周期。采用 CBN 砂轮进行超高速磨削，砂轮线速度由 80m/s 提高至 300m/s 时，切除率由 50mm^3/s 提高至 1000mm^3/s，大大提高了磨削效率。

2. 切削力、磨削力小，加工精度高

在相同的切削层参数下，加工速度高，高速切削的单位切削力明显减小，使剪切变形区变窄，剪切角增大，变形系数减小，切削流出速度加快，可使切削变形较小，切削力比常规切削力降低 30%～90%，刀具耐用度可提高 70%。同时，高速切削使传入工件的切削热的比例大幅度减少，加工表面受热时间短、切削温度低，有利于提高加工精度，有利于获得低损伤的表面结构状态和保持良好的表面物理性能及机械性能。因此，超高速加工特别适合于大型框架件、薄壁件、薄壁槽形件等刚性较差工件的高精度、高效加工。

3. 加工能耗低，节省制造资源

高速切削时，单位功率所切削的切削层材料体积显著增大，切除率高，能耗低，工件的在制时间短，提高了能源和设备的利用率，降低了切削加工所占制造系统资源的比例。

高速切削也存在刀具材料昂贵、机床（包括数控系统）和刀具平衡性能要求高以及主轴寿命低等缺点。

（三）超高速加工技术的应用

1. 超高速切削技术的应用

在航空航天工业领域，为减轻重量，零部件应尽可能采用铝合金、铝钛合金或纤维增强塑料等轻质材料，这三种材料所占飞机材料的比重在 70% 以上。采用高速切削，其切削速度可提高到 100～1000m/min，不但能大幅度提高机床生产率，而且能有效减少刀具磨损，提高工件表面加工质量。高速加工薄壁、细筋的复杂轻合金构件，材料切除率高达 100～180cm^3/min，是常规加工的 3 倍以上，可大大压缩切削工时。

汽车、摩托车工业领域，采用高速加工中心和其他高速数控机床组成高速柔性生产线，既能满足产品不断更新换代的要求，又有接近于组合机床刚性自动线的生产效率，实现了多品种、中小批量的高效生产。

模具工业领域，用高速铣削代替电加工是加快模具开发速度、提高模具制造质量的有效途径。用高速铣削加工模具，不仅可用高转速、大进给，而且粗、精加工一次完成，极大地提高了模具的生产效率。

高速切削的应用范围正在逐步扩大，不仅可用于切削金属等硬材料，也越来越多地用于切削软材料，例如，橡胶、各种塑料、木头等，经高速切削后，这些软材料的被加工表面极为光洁，加工效果极好。

2. 超高速磨削技术的应用

高效深磨技术是近几年发展起来的一种集砂轮高速度、高进给速度（0.5～10m/min）和大切深（0.1～30mm）为一体的高效率磨削技术。高效深磨可以获得与普通磨削技术相近的表面粗糙度，同时使材料磨除率比普通磨削高得多。高效深磨可直观地看成是缓进给磨削和超高速磨削的结合。高效深磨与普通磨削不同，可以通过一个磨削行程，完成过去由车、铣、磨等多个工序组成的粗、精加工过程，获得远高于普通磨削加工的金属磨除率，表面质量也可达到普通磨削的水平。

超高速精密磨削是采用超高速精密磨床，并通过精密修整微细磨料磨具，采用亚微米级以下的切深和洁净的加工环境来获得亚微米级以下的尺寸精度，使用微细磨料磨具是精密磨削的主要形式。

超高速磨削是解决难磨材料加工的一种有效方法。超高速磨削能实现对硬脆材料延性域的磨削，因超高速磨削的磨屑厚度极小，当磨屑厚度接近最小磨屑厚度时，磨削区的被磨材料处于流动状态，所以使陶瓷、玻璃等硬脆性材料以塑性形式生成磨屑。难磨材料如钛合金、高温合金和淬硬钢、高强合金等采用超高速磨削工艺，都能获得良好的加工效果。

二、超精密加工技术

现代制造业持续不断地致力于提高加工精度和加工表面质量，主要目标是提高产品性能、质量和可靠性，改善零件的互换性，提高装配效率。超精密加工技术已成为衡量一个国家先进制造技术水平的重要指标之一。

（一）超精密加工技术的内涵

在目前的技术条件下，根据加工精度和表面粗糙度的不同，可以将现代机械加工划分为以下四种。

1. 普通加工

加工精度在 $1\mu m$、表面粗糙度为 $Ra\,0.1\mu m$ 以上的加工方法。在目前的发达工业国家中，一般都能稳定掌握。

2. 精密加工

加工精度在 $0.1\sim1\mu m$、表面粗糙度为 $Ra\ 0.011\sim0.1\mu m$ 之间的加工方法，如金刚石精锥、精磨、研磨、布磨加工等。

3. 超精密加工

加工精度小于 $0.1\mu m$，表面粗糙度小于 $Ra\ 0.01\mu m$ 的加工方法，如金刚石刀具超精密切削、超精密磨削加工、超精密特种加工和复合加工等。

4. 纳米加工

加工精度高于 $1nm$（$1nm=10^{-3}\mu m$），表面粗糙度小于 $Ra\ 0.005nm$ 的加工技术。这类加工方法已不是传统的机械加工方法，而是原子、分子单位的加工。目前多用于微型机械产品的加工，如直径是 $50\mu m$ 的齿轮的加工。

超精密加工在提高机电产品的性能、质量和发展高新技术方面有着非常重要的作用，它涉及被加工工件的材料、加工设备及工艺设备、光学、电子、计算机、检测方法、工作环境和工人的技术水平等，是一门综合多学科的高新技术。

（二）超精密加工的主要方法

超精密加工包括超精密切削（车削、铣削）、超精密磨削及超精密特种加工。

超精密切削加工主要指金刚石刀具超精密车削，主要用于加工软金属材料（如铜、铝等），非铁金属及其合金以及光学玻璃、大理石和碳素纤维板等非金属材料，加工的主要对象是精度要求很高的镜面零件。目前，在使用极锋利的刀具和机床条件最佳的情况下，可以实现切削厚度为纳米级的连续稳定切削。

超精密磨削和磨料加工是利用细粒度的磨粒和微粉对钢铁金属、硬脆材料等进行加工，可分为固结磨料和游离磨料两大类加工方式。其中固结磨料加工包括：超精密砂轮磨削和超硬材料微粉砂轮磨削、超精密砂带磨削、ELID 磨削、双端面精密磨削以及电泳磨削等。超精密磨削是加工精度在 $0.1\mu m$ 以下、表面粗糙度小于 $Ra\ 0.025\mu m$ 的砂轮磨削方法，采用人造金刚石、立方氮化硼（CBN）等超硬磨料砂轮。与普通磨削不同的是切削深度极小，超微量切除，除微切削作用外，还有塑性流动和弹性破坏等作用，主要用于加工难加工材料。超精密研磨是一种加工误差达 $0.01\mu m$ 以下，表面粗糙度小于 $Ra\ 0.02\mu m$ 的研磨方法，是一种原子、分子加工单位的加工方法，从机理上来看，其主要是磨粒的挤压使被加工表面产生塑性变形，以及当有化学作用时使工件表面生成氧化膜的反复去除方法。

超精密特种加工的方法很多，多是分子、原子单位的加工方法，分为去除（分离）、附着（沉积）和结合以及变形等类型。分离（去除）加工是从工件上分离原子或分子，如电子束加工和离子束溅射加工等；附着（沉积）加工是在工件表面上覆盖一层物质，如电子镀、离子镀、分子束外延、离子束外延等；结合加工是在工件表面上渗入或涂入一些物质，如离子注入、氮化、渗碳等；变形加工是利用高频电流、热射线、电子束、激光、液流、气流和微粒子束等使工件被加工部分产生变形，改变尺寸和形状。电子束高能密度加工是利用电子束热效应进行的电子束加工，可通过调整功率密度来实现热处理、区域精炼、熔化，蒸发、穿孔、切槽、焊接等不同加工。在各种材料上加工圆孔、异形孔和切槽时，最小孔径或缝宽可达 0.02～0.03mm。在电子束低能量密度加工中，功率密度相当低的电子束照射在工件表面上，几乎不会引起表面温升，入射的电子与高分子材料的分子碰撞时，会使它的分子链切断或重新聚合，使高分子材料的化学性质和分子量产生变化，这种现象称为电子束的化学效应。利用这种化学效应可进行电子束光刻。电子束光刻在实际应用中获得了很大成功，它是利用电子束透射掩膜（其上有所需集成电路图形）照射到涂有光敏抗蚀剂的半导体基片上，因化学反应，经显影后，在光敏抗蚀剂的涂层上就形成与掩膜相同的线路图形。电子束光刻可以实现精细图形的写图或复印，目前是大规模集成电路和超大规模集成电路的掩膜或基片图形光刻的重要方法。

（三）超精密加工技术的应用

超精密加工技术在仪器仪表工业、航空航天工业、电子工业、国防工业、计算机制造、各种反射镜的加工、微型机械等领域有着广阔的应用前景，尤其在尖端产品和现代化武器的制造中占有非常重要的地位。

1. 超精密切削加工技术的应用

金刚石超精密切削加工技术在航空、航天领域超精密零件的加工和精密光学器件及其民用产品的加工中，都取得了良好的效果。

2. 超精密磨削加工技术的应用

超精密磨削可用于钢铁及其合金等金属材料，如耐热钢、钛合金、不锈钢等合金钢，特别是经过淬火等处理的淬硬钢的加工，也可用于磨削铜、铝及其合金等非铁金属的加工。超精密加工是陶瓷、玻璃、石英、半导体、石材等硬脆难加工非金属材料的主要加工方法。

未来超精密加工技术的发展趋势是向更高精度、更高效率的方向发展；向大型化、微型化方向发展；向加工检测一体化方向发展；机床向多功能模块化方向发展；不断探讨适合于超精密加工的新原理、新方法、新材料。

三、快速原型制造技术

快速原型制造技术（Rapid Prototype Manufacturing，RPM）是 20 世纪

90 年代发展起来的制造技术之一，它是用材料逐层或逐点堆积出零件的一种快速制造方法，可以对产品设计进行快速评价、修改及功能试验，有效地缩短了产品的研发周期，满足了快速响应市场的需求，提高了企业的竞争力。RPM 技术是近几十年来制造技术领域的一次重大突破，是继数控技术之后制造技术领域的又一场技术革命。

（一）RPM 技术的原理

RPM 技术是在计算机的控制与管理下，由零件的 CAD 模型直接驱动快速制造任意复杂形状三维实体的技术总称，是综合利用 CAD 技术、数控技术、材料科学、机械工程、电子技术和激光技术等现代多种先进技术的集成。快速原型技术是基于（软件）离散/（材料）堆积原理，通过离散获得堆积的路径和方式，通过精确堆积将材料"叠加"起来形成复杂的三维实体，最终完成零件的成形与制造的技术。人们把快速原型制造系统比喻为"立体打印机"（3D Solid Printer）是非常形象的。

离散/堆积的过程是由三维 CAD 模型开始的：先将 CAD 模型离散化，将某一方向（常取 Z 向）切成许多层面，即分层，属信息处理过程；然后在分层信息控制下顺序堆积各片层，并使层层结合，堆积出三维实体零件，这是 CAD 模型的物理体现过程。每种快速成形设备及其操作原理都是基于逐层叠加过程的。

（二）RPM 技术的特点

不同于传统的去除成形（如车、铣、刨、磨等）、拼合成形（如焊接）或受迫成形（如铸、锻，粉末冶金）等加工方法，快速原型制造技术具有以下特点：

①由 CAD 模型直接驱动，能自动、快速、精确地将设计思想转变成一定功能的产品原型甚至直接制造零件，对缩短产品开发周期、减少开发费用、提高企业市场竞争力具有重要意义。

②可以在没有任何刀具、模具及工装夹具的情况下，快速直接地制成几何形状任意复杂的零件，而不受传统机械加工方法中刀具无法达到某些型面的限制。

③曲面制造过程中，CAD 数据的转化（分层）可百分之百地全自动完成，而不像数控切削加工中需要高级工程技术人员复杂的人工辅助劳动才能转化为完全的工艺数控代码。

④任意复杂零件的加工只需在一台设备上完成，不需要传统的刀具或工装等生产准备工作。大大缩短了新产品的开发成本和周期，加工效率远胜于数控加工。

⑤设备投资低于数控机床。

⑥在成形过程中无人干预或较少干预。

（三）典型的 RPM 工艺方法

1. 光固化成形

光固化成形（Stereo Lithography Apparatus，SLA）又称光敏液相固化法、立体印刷和立体光刻。用紫外激光在光敏树脂表面扫描，令其有规律地固化，由点到线，再到面，完成一个层面的建造。在扫描的过程中，只有激光的曝光量超过树脂固化所需的阈值能量的地方，液态树脂才会发生聚合反应形成固态。因此在扫描过程中，对于不同量的固化深度，要自动调整扫描速度，以使产生的曝光量和固化某一深度所需的曝光量相适应。每一层固化完毕之后，升降工作台移动一个层片厚度的距离，然后将树脂涂在前一层上，再建造一个层。如此反复，每形成新的一层均黏附到前一层上，直到制作完零件的最后一层，成为一个三维实体。这样零件就堆积完毕，再对零件进行一些必要的后处理，整个制作过程就完成了。目前，立体印刷广泛用来为产品和模型的 CAD 设计提供样件和试验模型，是 RPM 技术领域中研究最多、技术最为成熟的方法。

2. 熔融沉积成形

熔融沉积成形（Fused Deposition Modeling，FDM）是将热熔性材料（ABS、尼龙或蜡）通过加热器熔化，在移动头的运动过程中挤压喷出细丝，按零件的截面形状沉积成一薄层，这样逐层堆积制成一个零件。在沉积过程中，喷头受水平分层数据的控制沿轴移动，同时半流动融丝从 FDM 喷头中挤压出来，必须精确控制从挤压头孔流出的材料数量和喷头的移动速度，当它和前一层相黏结时很快就会固化，整个零件是在一个活塞上制作的。该活塞可以上下移动，当制作完一层后活塞下降，为下一层制作留出层厚所需的空间。FDM 可以使用很多种材料，任何有热塑特性的材料均可作为其候选材料。目前，FDM 成形工艺已广泛应用于家用电器、办公用品、医疗器械、玩具、汽车、航空航天等产品的设计开发。

3. 选择性激光烧结

选择性激光烧结（Selective Laser Sintering，SLS）是利用红外激光光束所提供的热量熔化热塑性材料以形成三维零件。在制作区域均匀铺上一薄层热塑性粉末材料，然后用激光在粉末表面扫描零件的截面形状，激光扫描到的地方粉末烧结形成固体，激光未扫描到的地方仍是粉末，可以作为下一层的支撑并能在成形完成后去掉。上一层制作完毕后，再铺平一层粉末，继续扫描下一层，不断重复这个铺粉和选区烧结的过程直到最后一层，一个三维实体就烧结出来了。SLS 使用的设备是激光器，使用的原料有蜡、聚碳酸酯、尼龙、纤细尼龙、合成尼龙和金属、陶瓷材料等。

4. 分层实体制造

分层实体制造（Laminated Object Manufacturing，LOM）是通过逐层激光剪切箔材制造零件的一种技术。用激光按该层零件的轮廓剪切，零件轮廓以外的部分用激光剪切成网格状碎片以便零件制作完毕之后移去。每一层箔材之间涂有热溶胶，通过加热和加压粘到前一层上，层层的箔材逐层粘成一个固体块。当所有的层被黏结并进行剪切之后，整个零件就埋置在一大块支撑材料中，去掉支撑碎片，就获得所需的三维实体。这里所说的箔材可以是涂覆纸（涂有黏结剂覆层的纸）、涂覆陶瓷箔、金属箔或其他材质的箔材。LOM 的关键技术是控制激光的光强和切割速度，使之达到最佳配合以保证良好的切口质量和切割深度。

（四）RPM 技术的应用

RPM 技术在国民经济极为广泛的领域得到了应用，目前已应用于制造业、与美学有关的工程、医学、康复、考古等领域，RPM 技术还可应用到首饰、灯饰和三维地图的设计制作等方面，并且还在向新的领域发展。

RPM 技术在新产品快速开发方面的应用主要有新产品研制、市场调研和产品使用。在新产品研制方面，主要通过快速成形制造系统制作原型来验证概念设计、确认设计、性能测试、制造模具的母模和靠模。在市场调研方面，可以把制造的原型展示给最终用户和各个部门，广泛征求意见，尽量在新产品投产之前完善设计，生产出适销对路的产品。在产品使用方面，可以直接利用制造的原型、零件或部件的最终产品。

RPM 技术在快速模具制造的应用可以大大简化模具的制造过程。应用快速成形方法制作模具的方法，即快速模具技术，已成为快速成形技术的主要应用领域之一。

四、微细加工技术

（一）微型机械及微细加工技术的概念

微型机械或称微型机电系统（Micro Electro Mechanical Systems，MEMS）或微型系统，是指可以批量制作的、集微型机构、微型传感器、微型执行器以及信号处理器和控制电路，甚至外围接口、通信电路和电源等于一体的微型机械系统。微型机械的目的不仅仅在于缩小尺寸和体积，其目标更在于通过微型化、集成化来探索新原理、新功能的元件和系统，开辟一个新技术领域，形成批量化产业。其特征尺寸范围为 1～10mm，其中尺寸在 1～10mm 之间的机械为微小型机械；尺寸在 $1\mu m \sim 1mm$ 之间的机械为微型机械；而尺寸在 $1nm \sim 1\mu m$ 之间的机械为纳米机械，或称超微型机械。

微型机械加工技术是指制作微机械或微型装置的加工技术，涉及电子、电气、机械、材料、制造、信息与自动控制、物理、化学、光学、医学以及生物技术等多种工程技术和学科，并集成了当今科学技术的许多尖端成果。它是一个新兴的、多学科交叉的高科技领域，研究和控制物质结构的功能尺寸或分辨能力，达到微米至纳米尺度，加工尺度从亚毫米到微米量级，而加工单位则从微米到原子或分子线度量级。

微型机械由于其本身形状尺寸微小或操作尺度极小的特点，具有能够在狭小空间内进行作业，而又不干扰工作环境和对象的优势，目前在航空航天、精密仪器、生物医疗等领域有着广阔的应用潜力，并成为纳米技术研究的重要手段，被列为 21 世纪的关键技术之首及 21 世纪重点发展的学科之一。

微型机械涉及许多关键技术，主要包括微型机械设计技术、微细加工技术、微型机械组装和封装技术、微系统的表征和测量技术及微系统集成技术。

（二）微细加工技术的加工工艺

微细加工工艺主要有半导体加工技术、LIGA 技术、集成电路（IC）技术、特种精密加工、微细切削磨削加工、快速原型制造技术和键合技术等。

1. 半导体加工技术

半导体加工技术即半导体的表面和立体的微细加工，指在以硅为主要材料的基片上，进行沉积、光刻与腐蚀的工艺过程。半导体加工技术使微机电系统（MEMS）的制作具有低成本、大批量生产的潜力。

2. 表面微机械加工技术

表面微机械加工技术是在硅表面根据需要生长多层薄膜，如二氧化硅（SiO_2）、多晶硅、氮化硅、磷硅玻璃膜层（PSG）等。采用选择性腐蚀技术，在硅片表面层上去除部分不需要的膜层，就形成了所需要的形状，甚至是可动部件，去除的部分膜层一般称为"牺牲层"，其核心技术是"牺牲层"技术。该技术的最大优势在于把机械结构与电子电路集成在一起，从而使微产品具有更好的性能和更高的稳定性。

3. LIGA 技术和准 LIGA 技术

LIGA（Lithograph Galvanoformung Abformung，光刻电铸）技术是一种由半导体光刻工艺派生出来的采用光刻方法一次生成三维空间微机械构件的方法，经过近十年的发展已趋成熟。其机理是由深层 X 射线光刻、电铸成形及注塑成形三个工艺组成。在用 LIGA 技术进行光刻的过程中，一张预先制作模板上的图形被映射到一层光刻掩膜上，掩膜中被光照部分的性质发生变化，在随后的冲洗过程中被溶解，剩余的掩膜即是待生成的微结构的负体，在接下来的电镀成形过程中，从电解液析出的金属填充到光刻出的空间而形成金属微结构。为了能在数百微米厚的掩膜上进行分辨率为亚微米的光刻，LIGA技术采用了特殊的光源——同步电子加速器产生的X光辐射，这种X光辐射能量高、强度大，波长短且高度平行，是进行分辨率深度光刻的一种理想光源。

4. IC技术

IC技术是一种发展十分迅速且较成熟的制作大规模电路的加工技术，在微型机械加工中使用较为普遍，是一种平面加工技术，但是该技术的刻蚀深度只有数百纳米，且只限于制作硅材料的零部件。

5. 超微机械加工和电火花线切割加工技术

用小型精密金属切削机床及电火花线切割等加工方法，制作毫米级尺寸的微型机械零件，是一种三维实体加工技术，加工材料广泛，但多是单件加工、单元装配，加工费用较高。

精密微细切削加工可用于金属、塑料及工程陶瓷等材料的具有回转表面的微型零件加工，如圆柱体、螺纹表面、沟槽、圆孔及平面等，切削方式有车削、铣削和钻削。精密微细磨削可用于硬脆材料的圆柱体表面、沟槽、切断的加工，在精密微细磨削机床上加工的工件长度可达1mm、直径可至50mm。微细电火花加工是利用微型EDM电极对工件进行电火花加工，可对金属、聚晶金刚石和单晶硅等导体、半导体材料做垂直工件表面的孔、槽、异形成形表面的加工。微细电火花线切割加工（WEDG）也可以加工微细外圆表面，由于作用力小，适合于加工长径比较大的工件。

微型机械加工技术中除微细加工技术外，还包括了许多相关技术，如微系统设计技术、微系统表征和测试技术等。

第二节　制造自动化技术

一、制造自动化技术概述

（一）制造自动化技术的内涵

制造自动化技术是当代先进制造业技术的重要组成部分，是当前制造工程领域中涉及面广、研究活跃的技术，已经成为制造业获取市场竞争力的重要手段之一。

制造自动化是在"大制造概念（广义）"制造过程中的所有环节采用自动

化技术，实现制造全过程的自动化。制造自动化的任务就是研究对制造过程的规划、管理、组织、控制与协调优化等过程的自动化，以使产品制造过程实现高效、优质、低耗、及时和洁净的目标。

制造自动化的广义内涵至少包括以下几个方面：

1. 形式

制造自动化有三个方面的含义，即代替人的体力劳动，代替或辅助人的脑力劳动，制造系统中人、机器及整个系统的协调、管理、控制和优化。

2. 功能

制造自动化的功能目标是多方面的，该体系可用 TQCSE 功能目标模型描述。在 TQCSE 模型中，T、Q、C、S、E 是相互关联的，它们构成了一个制造自动化功能目标的有机体系。

T 表示时间（time），是指采用自动化技术，缩短产品制造周期，产品上市快，提高生产率；Q 表示质量（quality），是指采用自动化技术，提高和保证产品质量；C 表示成本（cost），是指采用自动化技术有效地降低成本，提高经济效益；S 表示服务（service），是指利用自动化技术，更好地做好市场服务工作，也能通过替代或减轻制造人员的体力和脑力劳动，直接为制造人员服务；E 表示环境友善性（environment），含义是制造自动化应有利于充分利用资源，减少废弃物和环境污染，有利于实现绿色制造及可持续发展制造战略。

3. 范围

制造自动化包括产品设计自动化、企业管理自动化、加工过程自动化和质量控制过程自动化。产品设计自动化包括计算机辅助设计（Computer Aided Design，CAD）、计算机辅助工艺设计（Computer Aided Process Planning，CAPP）、计算机辅助产品工程（Computer Aided Engineering，CAE）、计算机产品数据管理（Product Data Management，PDM）和计算机辅助制造（Computer Aided Manufacturing，CAM）；企业管理自动化包括企业 ERP（enterprise resource planning）；加工过程自动化包括各种计算机控制技术，如现场总线、计算机数控（Computerized Numerical Control，CNC）、群控（Direct Numerical Control，DNC）、各种自动生产线、自动存储和运输设备、自动检测和监控设备等。质量控制自动化包括各种自动检测方法、手段和设备，计算机的质量统计分析方法、远程维修与服务等。

制造自动化代表着先进制造技术的水平，促使制造业逐渐由劳动密集型产业向技术密集型和知识密集型产业转变，是制造业发展的重要表现和重要标志。采用制造自动化技术可以有效改善劳动条件，提高劳动者的素质，显著提高劳动生产率，大幅度提高产品质量，促进产品更新，带动相关技术的发展，有效缩短生产周期，显著降低生产成本，提高经济效益，大大提高企业的市场竞争力。

（二）制造自动化技术的发展趋势

制造自动化的概念是一个动态发展过程。制造自动化的研究主要表现在制造系统中的集成技术和系统技术、人机一体化制造系统、制造单元技术、制造过程的计划和调度、柔性制造技术和适应现代生产模式的制造环境等。制造自动化技术的发展趋势主要是制造敏捷化、制造网络化、制造智能化、制造全球化、制造虚拟化和制造绿色化。

1. 制造敏捷化

敏捷制造是一种面向 21 世纪的制造战略和现代制造模式。敏捷化是制造环境和制造过程面向 21 世纪制造活动的必然趋势。制造环境和制造过程的敏捷化包括以下几个方面：①柔性，包括机器柔性、工艺柔性、运行柔性、扩展柔性和劳动力的柔性及知识供应链等；②重构能力，能实现快速重组重构，增强对新产品开发的快速响应能力；产品过程的快速实现、创新管理和应变管理；③快速化的集成制造工艺，如快速原型制造 RPM 是一种 CAD/CAM 的集成工艺。

2. 制造网络化

制造的网络化，特别是基于 Internet/Intranet 的制造已成为重要的发展趋势，正在给企业制造活动带来新的变革。基于网络的制造包括以下几个方面：①制造环境内部的网络化，实现制造过程的集成；②制造环境与整个制造企业的网络化，实现制造环境与企业中工程设计、管理信息系统等各子系统的集成；③企业与企业间的网络化，实现企业间的资源共享、组合与优化利用；④通过网络实现异地制造。

3. 制造智能化

智能化是制造系统在柔性化和集成化基础上进一步的发展和延伸，是未来制造自动化发展的重要方向。智能制造系统是一种由智能机器和人类专家共同组成的人机一体化智能系统，它在制造过程中能进行智能活动，诸如分析、推理、判断、构思和决策等。智能制造技术的宗旨在于通过人与智能机器的合作共事，去扩大、延伸和部分地取代人类专家在制造过程中的脑力劳动，以实现制造过程的优化。

4. 制造全球化

智能制造系统计划和敏捷制造战略的发展和实施，促进制造业的全球化。制造全球化包括以下几个方面：①市场的国际化，产品销售的全球网络正在形成；②产品设计和开发的国际合作；③产品制造的跨国化；④制造企业在世界范围内的重组与集成，如动态联盟公司；⑤制造资源的跨地区及跨国家的协调、共享和优化利用；⑥全球制造的体系结构将要形成。

5. 制造虚拟化

基于数字化的虚拟化技术主要包括虚拟现实（VR）、虚拟产品开发（VPD）、虚拟制造（VM）和虚拟企业（VE）。制造虚拟化主要指虚拟制造，又称拟实制造，是以制造技术和计算机技术支持的系统建模技术和仿真技术为基础，集现代制造工艺、计算机图形学、并行工程、人工智能、人工现实技术和多媒体技术等多种高新技术为一体，由多学科知识形成的一种综合系统技术。它将现实制造环境及其制造过程通过建立系统模型映射到计算机及其相关技术所支撑的虚拟环境中，在虚拟环境下模拟现实制造环境及其制造过程的一切活动和产品制造全过程，并对产品制造及制造系统的行为进行预测和评价。虚拟制造是实现敏捷制造的重要关键技术，对未来制造业的发展至关重要。

6. 制造绿色化

绿色制造是一个综合考虑环境影响和资源效率的现代制造模式，其目标是使产品从设计、制造、包装、运输、使用到报废处理的整个产品生命周期中，对环境的负面影响最小，资源使用效率最高。绿色制造已成为全球可持续发展战略对制造业的具体要求和体现。绿色制造涉及产品的整个生命周期和多生命周期。对制造环境和制造过程而言，绿色制造主要涉及资源的优化利用、清洁生产和废弃物的最少化及综合利用。绿色制造是目前和将来制造自动化系统应该予以充分考虑的一个重大问题。

"知识化""创新化"已成为制造自动化技术的重要发展趋势。随着知识对经济发展重要性的加大，未来的制造业将是智力型的工业，产品的知识含量成为竞争的基础力量和决定胜负的关键。这要求制造业必然提高技术和知识含量，实施知识管理，注重知识共享，迎接"以知识为基础的产品"新时代创新作为知识经济的核心，将成为企业生存与发展的根本。制造业必须不断提高技术创新和知识创新的能力，增强企业的市场竞争力。

二、柔性制造系统

（一）柔性制造系统的概念

柔性制造技术（Flexible Manufacturing Technology，FMT）是一种主要用于多品种中小批量或变批量生产的制造自动化技术，它是对各种不同形状加工对象进行有效地且适合转化为成品的各种技术的总称。FMT 是将计算机技术、电子技术、智能化技术与传统加工技术融合在一起，具有先进性、柔性化、自动化、效率高的制造技术，是从机械转换、刀具更换、夹具可调、模具转位等硬件柔性化的基础上发展，已成为自动变换、人机对话转换、智能化任意变化对不同加工对象实现程序化柔性制造加工的一种崭新技术，是自动化制造系统的基本单元技术。

柔性制造系统（Flexible Manufacturing System，FMS）是由数控加工设备、物料运储装置和计算机控制系统等组成的自动化制造系统。它包括多个柔性制造单元，能根据制造任务或生产环境的变化迅速进行调整，以适宜于多品种、中小批量的生产。用于切削加工的 FMS 主要由四部分组成：若干台数控机床、物料搬运系统、计算机控制系统和系统软件。

FMS 的柔性可以从以下几个方面评价。

①设备柔性。指系统中的加工设备具有适应加工对象变化的能力。

②产品柔性。指系统能够经济而迅速地转换到生产一族新产品的能力。产品柔性也称反应柔性。

③工艺柔性。指系统能以多种方法加工某一族工件的能力。工艺柔性也称加工柔性或混流柔性。

④工序柔性。指系统改变每种工件加工先后顺序的能力。

⑤流程柔性。指系统处理其局部故障，并维持继续生产原定工件族的能力。

⑥批量柔性。指系统在成本核算上能适应不同批量的能力。

⑦扩展柔性。指系统能根据生产需要方便地进行模块化组建和扩展的能力。

⑧生产柔性。

（二）柔性制造系统的组成

FMS 是数控机床或设备自动化的延伸，典型的 FMS 一般是由加工系统、物流系统和控制与管理系统组成。此外，FMS 还包含冷却系统、排屑系统、刀具监控和管理等附属系统。

各系统的有机结合，构成了一个制造系统的能量流（通过制造工艺改变工件的形状和尺寸）、物料流（主要指工件流和刀具流）和信息流（制造过程的信息和数据处理）。

柔性制造系统对产品设计、生产目标与计划、工作站、物料搬运和加工路线等的变化能实现实时调整的一种工厂经营方式。

（三）柔性制造系统的控制与管理

FMS 的控制与管理系统是实现 FMS 加工过程，物料流动过程的控制、协调、调度、监测和管理的信息流系统。它由计算机、工业控制机、可编程序控制器、通信网络、数据库和相应的控制与管理软件等组成，是 FMS 的神经中枢和命脉，也是各系统之间的联系纽带。

FMS 的控制与管理系统主要具备以下基本功能。

1. 数据分配功能

向 FMS 内的各种设备发送数据，如工艺流程、工时标准、数控加工程序、设备控制程序、工件检验程序等。

2. 控制与协调功能

控制系统内各设备的运行并协调各设备间的各种活动，使物料分配与传送能及时满足加工设备对被加工工件的需求，工件加工质量满足设计要求。

3. 决策与优化功能

根据当前生产任务和系统内的资源状况，决策生产方案，优化资源分配，使各设备达到最佳使用状态，保证任务按时、保质完成和以最少的投入获得最大的利润。

4. 操作支持功能

通过系统的人机交互界面，使操作者对系统进行操作、监视、控制和数据输入。在系统发生故障后使系统具有通过人工介入而实现再启动和继续运行的功能。

FMS 是一个复杂的制造系统，通常采用了多级计算机递阶控制结构，各层次分别独立进行处理，完成各自的功能，层与层之间在网络和数据库的支持下，保持信息交换，上层向下层发送命令，下层向上层回送命令的执行结果。以此来分散主计算机的负荷，提高控制系统的可靠性，同时也便于控制系统的设计和维护，减少全局控制的难度和控制软件开发的难度。通常采用两级或三级递阶控制结构形式。在上述各层中，从上层到下层的数据量逐级减少，而数据传送的时间逐级加快。在实际应用中，FMS 控制结构体系可根据企业在自动化技术更新方面的发展规划和系统目标而增减层次。

（四）柔性制造系统的发展

目前，FMS 技术已臻完善，进入了实用阶段，并已形成高科技产业。随着科学技术的进步以及生产组织与管理方式的不断更换，FMS 作为一种生产手段也将不断适应新的需求，不断引入新的技术，不断向更高层次发展。

1. 向小型化、单元化方向发展

20 世纪 90 年代开始，为了让更多的中小企业采用柔性制造技术，FMS 由大型复杂系统，向经济、可靠、易管理、灵活性好的小型化、单元化，即柔性制造单元（FMC）方向发展。

2. 向模块化、集成化方向发展

为有利于 FMS 的制造厂家组织生产、降低成本，也有利于用户按需、分期、有选择性地购置系统中的设备，并逐步扩展和集成为功能更强大的系统，FMS 的软、硬件都向模块化方向发展。以模块化结构集成 FMS、再以 FMS 作为制造自动化基本模块集成 CIMS 是一种基本趋势。

3. 单项技术性能与系统性能不断提高

构成 FMS 的各单项技术性能与系统性能不断提高，如采用各种新技术提高机床的加工精度、加工效率；综合利用先进的检测手段、运储技术、刀具管理技术、数据库和人工智能技术、控制技术以及网络通信技术的迅速发展，提高 FMS 各单元及系统的自我诊断、自我排错、自我修复、自我积累、自我学习能力等，大大提高 FMS 系统的性能。

4. 重视人的因素

重视人的因素，完善适应先进制造系统的组织管理体系，将人与 FMS 以及非 FMS 生产设备集成为企业综合生产系统，实现人－技术－组织的兼容和人机一体化。

5. 应用范围逐步扩大

FMS 初期只是用于非回转体类零件的箱体类零件机械加工，通常用来完成钻、镗、铣及攻螺纹等工序。后来随着 FMS 技术的发展，FMS 不仅能完成其他非回转体类零件的加工，还可完成回转体零件的车削、磨削、齿轮加工，甚至拉削等工序。

从机械制造行业来看，现在 FMS 不仅能完成机械加工，而且还能完成饭金加工、锻造、焊接、装配、铸造和激光、电火花等特种加工，以及喷漆、热处理、注塑和橡胶模制等工作。从整个制造业所生产的产品看，现在 FMS 已不再局限于汽车、车床、飞机、舰船，还可用于计算机、半导体、服装、食品以及医药品和化工等产品的生产。从生产批量来看，FMS 已从中小批量应用向单件和大批量生产方向发展。

三、计算机集成制造系统

（一）计算机集成制造系统的概念

计算机集成制造系统（Computer Integrated Manufacturing System，CIMS）含有两个基本观点：

1. 系统的观点

企业生产的各个环节，即从市场分析、产品设计、加工制造、经营管理到售后服务的全部生产活动是一个不可分割的整体，要紧密连接，统一考虑。

2. 信息化的观点

整个生产过程实质上是一个数据的采集、传递和加工处理的过程，最终形成的产品可以看作是数据的物质表现。

CIM 是一种组织、管理、企业生产的新哲理，它借助计算机软硬件，综合应用现代管理技术、制造技术、信息技术、自动化技术、系统技术，将企业生产全部过程中有关人、技术、经营管理三要素及其信息流与物质流有机地集成并优化运行，以实现产品高质、低耗、上市快、服务好的目标，从而使企业赢得市场竞争。

当前，CIM 被认为是企业用来组织生产的先进哲理和方法，是企业增强自身竞争能力的主要手段。在集成的环境下，生产企业通过连续不断地改进和完善，消除存在的薄弱环节，将合适的先进技术应用于企业内的所有生产活动，为企业提供竞争的杠杆，从而提高企业的竞争能力。

CIMS 是基于 CIM 哲理而组成的系统，是 CIM 思想的物理体现。CIMS 的核心在于集成，在于企业内的人、生产经营和技术这三者之间的信息集成，以便在信息集成的基础上使企业组成一个统一的整体，保证企业内的工作流程、物质流和信息流畅通无阻。

（二）计算机集成制造系统的组成

CIMS 从系统功能角度看，是由经营管理信息系统、工程设计自动化系统、制造自动化系统和质量保证系统这 4 个功能分系统以及计算机网络系统和数据库系统这两个支持分系统组成的。

1. 生产经营管理信息系统

生产经营管理信息系统是企业在管理领域中应用计算机的统称。它以 MRP－Ⅱ或 ERP 为核心，从制造资源出发，考虑整个企业的经营决策、中短期生产计划、车间作业计划以及生产活动控制等，其功能覆盖了市场营销、物料供应、各级生产计划与控制、财务管理、成本、库存和技术管理等活动。生产经营管理信息系统是 CIMS 的神经中枢，指挥与控制着各个部分有条不紊地工作。

2. 工程设计自动化系统

工程设计自动化系统是在产品开发过程中利用计算机技术，进行产品的概念设计、工程与结构分析、详细设计、工艺设计与数控编程。具体包括：①产品设计；②工程分析；③工艺规划；④夹具/模具设计；⑤数控编程（包括刀具轨迹仿真等）。工程设计自动化系统是 CIMS 的主要信息源，为管理信息系统和制造自动化系统提供物料清单和工艺规程等信息。

3. 制造自动化系统

制造自动化系统是在计算机的控制与调度下，按照数控代码将一个毛坯加工成合格的零件，再装配成部件甚至产品，并将制造现场信息实时地反馈到相应部门。具体包括：①车间控制器作业计划调度与监控；②单元控制器作业调度与监控；③工作站作业调度与监控；④刀具/夹具/模具管理与控制；⑤加工设备管理与控制；⑥仓库管理与控制；⑦物流系统的调度与监控；⑧测量设备管理与控制、量具管理；⑨清洗设备管理与控制等。

4. 质量保证系统

质量保证系统是采集、存储、处理与评价各种质量数据，对生产过程进行质量控制。该分系统具体包括：①计算机辅助检验；②计算机辅助测试；③计算机辅助质量控制等。

5. 数据库系统

数据库系统是一个支持各分系统并覆盖企业全部信息的系统。它在逻辑上是统一的，在物理上可以是分布的，以实现企业数据共享和信息集成。

6. 计算机网络系统

计算机网络系统是支持 CIMS 各个分系统集成的开放型网络通信系统，采用国际标准和工业标准规定的网络协议，可以实现异种机互联、异构局部网络及多种网络的互联。以分布为手段，满足各应用分系统对网络支持服务的不同需求，支持资源共享、分布处理、分布数据库、分层递阶和实时控制。

CAD/CAPP/CAM 集成系统是 CIMS 的重要组成部分，实现 CAD/CAPP/CAM 的信息集成是实现 CIMS 的基础与核心。

（三）计算机集成制造系统的发展

在面向用户、面向产品的竞争和面向信息时代科学技术的发展战略下，CIMS 技术的发展趋势主要是集成化、数字化、智能化、敏捷化、网络化和绿色化。

1. 集成化

C1MS 已从企业内部的信息集成和功能集成发展到过程集成（以并行工程为代表），并正在步入实现企业间集成的阶段（以敏捷制造为代表）。

2. 数字化

基于全数字化产品模型和仿真技术的虚拟制造技术将制造业带入了数字化时代。

3. 智能化

智能化是指制造系统在柔性化和集成化基础上进一步的发展与延伸，它已从制造设备和单元加工过程智能化、工作站控制智能化发展到集成化智能制造系统和知识化制造。

4. 敏捷化

敏捷化是指制造企业通过组织动态联盟、重组其企业过程以及在更广泛范围内集成制造资源，以对不断变化的市场需求做出迅速响应。

5. 网络化

随着"网络全球化""市场全球化""竞争全球化"和"经营全球化"的出现，许多企业正积极采用"全球制造"和"网络制造"的策略。制造网络化体现在信息高速公路及集成基础设施支持下的网络制造系统。

6. 绿色化

绿色制造、环境意识的设计与制造、生态工厂和清洁化生产等概念是全球可持续发展战略在制造业中的体现。绿色制造是一种综合考虑环境影响和资源效率的现代制造模式。

第三节　先进制造模式

一、先进制造模式概述

制造模式是一个制造企业的生产模式、组织模式、管理模式、信息模式的总称。它是将制造企业总的、战略级的配置资源，以及制造产品、占领市场的方式与行为准则，贯穿到企业的各项活动之中。随着科学技术的进步、产品市场的变化，制造模式就显得尤为重要。

先进制造模式（或称现代制造模式）是与先进制造技术密切相关的，先进制造技术是实施先进制造模式的基础。先进制造模式更加强调生产制造的哲理，以及环境和战略的协同，先进制造技术则强调功能的发挥。

先进制造模式是指现代制造企业组织和管理企业人、财、物、产、供、销等一系列生产与经营的活动方式，是确定整个企业资源配置、产品制造、销售的组织管理方式和行为准则。它将先进的制造技术、设备和科学的管理有机地结合在一起以使企业快速响应市场和周围环境的变化，获取最优、最大的效益。

信息化技术的进步和市场竞争的全球化促进了先进制造模式的发展。企业采用先进制造模式的目的是通过培育核心竞争力，发挥比较竞争优势（如质量、成本、时间等）使企业达到赢利等最终目的，核心是实现基于时间的市场竞争策略。

二、并行工程

(一) 并行工程的概念

并行工程是对产品及其相关过程(包括制造过程和支持过程)进行并行、一体化设计的一种系统化的工作模式。它力图使开发者从一开始就考虑到产品整个生命周期(从概念形成到产品报废)中所有的因素,包括质量、成本、进度与用户需求。其定义中所说的支持过程,包括对制造过程的支持(如原材料的获取、中间产品库存、工艺过程设计、生产计划等)和对使用过程的支持(如产品销售、使用维护、售后服务、产品报废后的处理等)。

并行工程的核心是实现产品及其相关过程设计的集成。在产品设计阶段就集中产品生命周期中的各有关工程技术人员,同步地设计或考虑整个产品生命周期中的所有因素,对产品设计、工艺设计、装配设计、检验方式、售后服务方案等进行统筹考虑、协同进行,经系统的仿真和评估,对设计对象进行反复修改和完善,力争后续的制造过程一次成功。这样,设计阶段完成后一般能保证后续阶段(如制造、装配、检验、销售和维护等环节)顺利进行,但也要不断地进行信息反馈,在特殊情况下,也需要对设计方案甚至产品的模型进行修改。

(二) 并行工程的基本特征

并行工程是企业组织生产的一种哲理和方法论,不是某种现成的系统或结构。并行工程与传统生产的串行工程相比较具有如下特征。

①并行工程是把时间上的先后作业过程转变为同时考虑和尽可能同时处理的过程,在产品的设计阶段就并行地考虑了产品整个生命周期中的所有因素,避免将设计错误传递到下一阶段,减少不必要的环节,使产品开发过程更趋合理、高效。

②并行工程强调从全局性考虑问题,即产品研制者从一开始就考虑到产品整个生命周期中的所有因素,追求整体最优,有时为了保证整体最优,甚至可以牺牲局部的利益。

③并行工程特别强调团队设计小组的协同工作,强调一体化、并行地进行产品及其相关过程的协同设计,尤其注重早期概念设计阶段的并行和协调。

④并行工程对信息管理技术提出了更高要求,不仅要对产品信息进行统一管理与控制,而且要求能支持多学科领域专家群体的协同合作,并要求把产品信息与开发过程有机地集成起来,做到把正确的信息在正确的时间以正确的方式传递给正确的人。

（三）并行工程的关键技术

并行工程是一种以空间换取时间来处理系统复杂性的系统化方法，它以信息论、控制论和系统论为基础，在数据共享、人机交互等工具的支持下，按多学科、多层次协同一致的组织方式工作。并行工程的实施具有如下关键技术。

1. 产品开发过程的重构

并行工程的产品开发过程，是跨学科群组在计算机软硬件工具和网络通信环境的支持下，通过规划合理的信息流动关系及协调组织资源和逻辑制约关系，实现动态可变的开发任务流程。为了使产品开发过程实现并行、协调，并能面向全面质量管理做出决策分析，就必须对产品开发过程进行重构，即从产品特征、开发活动的安排、开发队伍的组织结构、开发资源的配置、开发计划，以及全面的调度策略等各个侧面进行不断的改进和提高。

2. 集成的产品信息模型

并行工程强调产品设计过程上下游的协调与控制，以及多专家系统协调工作，因此一个集成的产品信息模型就成为关键问题。集成产品信息模型应能够全面表达产品信息、工艺信息、制造信息以及产品生命周期内各个环节的信息，能够表达产品各个版本的演变历史，能够表示产品的可制造性、可维护性和安全性，能够使设计小组成员共享模型中的信息。集成的产品信息模型，是实现产品设计、工艺设计、产品制造、产品装配和检验等开发活动信息共享和并行进行的基础和关键。

3. 并行设计过程的协调与控制

并行设计的本质是一个反复迭代优化的过程。产品设计过程的管理、协调与控制是实现并行设计的关键。产品数据管理系统（PDM）能对并行设计起到技术支撑的作用。

（四）并行工程的发展

并行工程作为现代制造技术的发展方向，近几年来正在迅速发展，其进一步的研究和发展主要有以下几方面。

①目前并行工程的支持环境是建立在"集成"基础之上的产品生命周期的宏观循环，正向着理想的方式微循环进军。

②并行工程作为一种有生命的理论越来越多地融合虚拟制造和拟实制造，通常认为并行工程以信息集成为基础，实现产品开发过程的集成与并行；这将为进一步实现企业间集成和企业经营过程重构等的敏捷制造打下基础。

③产品数据管理（PDM）是实现并行工程的关键，有待进一步发展。

并行工程作为一种理论，现阶段已成功地应用于机械、电子、化工等工程领域，其应用范围尚需进一步扩大。

三、精益生产

（一）精益生产的概念

精益生产（Lean Production，LP）是指运用多种现代管理方法和手段，以社会需求为依托，以充分发挥人的作用为根本，有效配置和合理使用企业资源为企业谋求经济效益的一种新型生产方式。实施精益生产方式，改进臃肿组织结构、高效使用厂房、消解超量的库存储备等状况。

精益生产方式彻底地消除了无效劳动，具有最大限度地满足市场多元化的需求和最大限度地降低成本的基本原则。

（二）精益生产的基本特征

精益生产方式综合了单件生产与大量生产的优点，既避免了前者的高成本，又避免了后者的僵化，在内容和应用上具有以下特征。

①以"人"为中心，充分调动人的潜能和积极性，普遍推行多机操作，多工序管理，并把工人组成作业小组，不仅完成生产任务，而且参与企业管理，从事各种革新活动，提高劳动生产率。

②以销售部作为企业生产过程的起点，产品开发与产品生产均以销售为起点，按订货合同组织多品种小批量生产。

③产品开发采用并行工程方法和主查制，确保高质量、低成本，缩短产品开发周期，满足用户要求。

④在生产制造过程中实行"拉动式"的准时化生产，把上道工序推动下道工序生产变为下道工序拉动上道工序生产，杜绝一切超前、超量生产。

⑤追求无废品、零库存、零故障等目标，降低产品成本，保证产品多样化。

⑥消除一切影响工作的"松弛点"，以最佳工作环境、最佳条件和最佳工作态度从事最佳工作，从而全面追求尽善尽美，适应市场多元化要求，用户需要什么则生产什么，需要多少就生产多少，达到以尽可能少的投入获取尽可能多的产出。

⑦把主机厂与协作厂之间存在的单纯买卖关系变成利益共同的"共存共荣"的"血缘关系"，把70%左右零部件的设计、制造委托给协作厂进行，主机厂只完成约30%的设计、制造任务。

（三）精益生产的体系结构

精益生产核心表现为最精简的中间管理层且雇用最少的非直接生产人员（管理人员）；尽可能小的生产部件变异以减少生产中失误的机会并可增大每批加工数量；所有生产过程，包括整个供应链的质量保证以减少任何环节上的低质量所带来的浪费，以及准时制生产。它的基本原则是"消灭一切浪费"和"不断改善"。准时制（Just In Time，JIT）生产、全面质量管理（Total Quality Control，TQC）、成组技术（Group Technology，GT）、弹性作业人数和尊重人性是精益生产的主要支柱。如果将精益生产体系看成一幢大厦，那么大厦的基础就是在计算机信息网络支持下的群体小组工作方式和并行工程，大厦的支柱就是及时生产、成组技术和全面质量管理，精益生产是大厦的屋顶。三根支柱代表着三个本质方面，缺一不可，它们之间还须相互配合。

1. 准时制（JIT）生产

准时制生产是指在所需要的时间、按所需要的数量生产所需要的产品（或零部件），其目的是加快半成品的流动，将资金的积压减少到最低限度，从而提高企业的生产效益。

JIT 的生产理念主要在于消除浪费，任何活动对于产出没有直接效益的便被视为浪费，且浪费的产生通常被认为是由不良的管理所造成的。JIT 生产是缩短生产周期，加快资金周转和降低生产成本的主要方法，采用 JIT 方法进行生产规划与调度，其难度较大。往往需要采用计算机来进行建模、仿真、信息传递和生产调度。

2. 成组技术（GT）

成组技术已经成为现代化生产不可缺少的组成部分。成组技术把相似的问题归类成组，寻求解决这一组问题相对统一的最优方案，以取得所期望的经济效益。成组技术应用于制造加工方面，乃是将多种零件按其工艺的相似性分类成组，以形成零件族，把同一零件族中零件分散的小生产量汇集成较大的成组生产量，从而使小批量生产能获得接近于大批量生产的经济效果。

成组技术是实现多品种、小批量、低成本、高柔性、按顾客订单组织生产的技术基础。通过采用成组技术就能够组织混流生产、优化车间布置、减少产品品种的多样化，并可以通过产品的模块化、标准化来减少企业复杂度，提高企业的反应能力和竞争能力等。

3. 全面质量管理（TQC）

全面质量管理是保证产品质量、树立企业形象和达到零缺陷的主要措施，是实施精益生产方式的重要保证。全面质量管理认为，产品质量不是检验出来的，而是制造出来的。它采用预防型的质量控制，强调精简机构，优化管理，赋予基层单位以高度自治权利，全员参与和关心质量工作。预防型的质量控制要求尽早排除产品和生产过程中的潜在缺陷源，全面质量管理体现在质量发展、质量维护和质量改进等方面，从而使企业生产出低成本、用户满意的产品。

作为基础的并行工程，代表了高效率，它要求产品的设计不仅要考虑产品的各项性能，还应考虑与产品有关的各工艺过程的质量及服务的质量，它要求通过优化生产过程来提高生产效率，通过设计质量来缩短设计周期。并行工程不仅要降低产品生产过程中某阶段的消耗，如原材料消耗、工时消耗等，而且要降低产品整个寿命周期的消耗，包括设计、制造、检验、使用和维修过程的消耗，以降低生产成本。

四、智能制造

（一）智能制造的概念

智能制造（Intelligent Manufacturing，IM）是指面向产品的全生命周期，以物联网、大数据、云计算等新一代信息技术为基础，以制造装备、制造单元、制造车间、制造生态系统和制造企业等不同层次的制造系统为载体，在其设计、生产、管理、服务等制造过程的关键环节，具有信息深度自感知、智慧优化自决策、精准控制自执行等功能，能动态地适应制造环境的变化，实现缩短产品研制周期、降低运营成本、提高生产效率、提升产品质量、降低资源能源消耗等目标。

智能制造通常泛指智能制造技术和智能制造系统，它是人工智能技术和制造技术相结合后的产物。

智能制造技术是在现代制造技术、新一代信息技术支撑下，面向产品全生命周期的智能设计、智能加工与装配、智能监测与控制、智能管理、智能运维、智能服务等专门技术及其集成。

智能制造系统是指应用智能制造技术、达成全面或部分智能化的制造过程或组织，按其规模与功能可分为智能制造装备、智能加工单元、智能生产线、智能车间、智能企业、智能制造联盟、智能制造生态系统等层级。

（二）智能制造的特点

智能制造的特点在于实时智能感知、智能优化决策、智能动态执行等三个方面：一是数据的实时感知，智能制造需要大量的数据支持，通过利用高效、标准的方法实时进行信息采集、自动识别，并将信息传输到分析决策系统；二是优化决策，通过面向产品全生命周期的海量异构信息的挖掘提炼、计算分析、推理预测，形成优化制造过程的决策指令；三是动态执行，根据决策指令，通过执行系统控制制造过程的状态，实现稳定、安全的运行和动态调整。

在制造全球化、产品个性化、"互联网＋制造"的大背景下，智能制造具有以下特点。

1. 大系统

大系统的基本特征是大型性、复杂性、动态性、不确定性、人为因素性、等级层次性、信息结构能通性。显然，智能制造系统（特别是车间级以上的系统）完全符合这些特征，具体体现为：全球分散化制造，任何企业或个人都可以参与产品设计、制造与服务，智能工厂和智能交通物流、智能电网等都将发生联系，通过工业互联网，大量的数据被采集并送入云网络。为了更好地分析大系统的特性和演化规律，需要用到复杂性科学、大系统理论、大数据分析等理论方法。

2. 信息驱动下的"感知—分析—决策—执行与反馈"的大闭环

制造系统中的每一个智能活动都必然具备该特征。以智能设计为例，所谓"感知"，即跟踪产品的制造过程，了解设计缺陷，并通过服务大数据，掌握客户需求。所谓"分析"，即分析各种数据并建立设计目标；所谓"决策"，即进行智能优化设计；所谓"执行与反馈"，即通过产品制造、使用和服务，使设计结果变为现实可用的产品，并向设计提供反馈。

3. 系统进化和自学习

智能制造系统能够通过感知并分析外部信息，主动调整系统结构和运行参数，不断完善自我并动态适应环境的变化。在系统结构的进化方面，从车间与工厂的重构，到企业合作联盟重组，再到众包设计、众包生产，通过自学习、自组织功能，制造系统的结构可以随时按需进行调整，从而通过最佳资源组合实现高效产出的目标。在运行参数的进化方面，生产过程工艺参数的自适应调整、基于实时反馈信息的动态调度等。

4. 集中智能与群体智能相结合

分散型智能或群体智能的思想体现为拥有信息物理融合系统（Cyber Physical Systems，CPS）的物理实体将具有一定的智能，能够自律地工作，并能与其他实体进行通信与协作，同样，人与机器之间也能够互联互通，与集中管控所代表的集中型智能相比，它能够自组织、自协调、自决策，动态灵活，从而快速响应变化。

5. 人与机器的融合

随着人机协同机器人、可穿戴设备的发展，生命和机器的融合在制造系统中会有越来越多的应用体现，机器是人的体力、感官和脑力的延伸，但人依然是智能制造系统中的关键因素。

6. 虚拟与物理的融合

智能制造系统蕴含了一个是由机器实体和人构成的物理世界，另一个是由数字模型、状态信息和控制信息构成的虚拟世界，未来这两个将深度融合，难以区分彼此。一方面，产品的设计与工艺在实际执行之前，可以在虚拟环境中进行100％的验证；另一方面，生产与使用过程中，实际状态可以在虚拟环境中实时、动态、逼真地呈现出来。

（三）智能制造的技术体系

智能制造的技术体系主要包括智能制造装备技术、智能制造系统技术、智能制造服务技术、智能工厂技术。

智能制造的关键技术是指与多个制造业务活动相关，并为智能制造基本要素（感知、分析、决策、通信、控制、执行）的实现提供基础支撑的共性技术。

1. 先进制造工艺技术

先进制造工艺技术可使得制造过程更加灵活和高效。比如高效精密加工技术和增材制造技术。

（1）数字建模与仿真技术

以三维数字量形式对产品、工艺、资源等进行建模，并通过基于模型的定义（Model Based Definition，MBD），实现将数字模型贯穿于产品设计、工程分析、工艺、设计、制造、质量和服务等产品生命周期全过程，用于计算、分析、仿真与可视化。由MBD技术进而演进成基于模型的系统工程（Model Based Systems Engineering，MBSE）和基于模型的企业（Model Based Enterprise，MBE）。随着CPS等技术的发展，未来的数字模型和物理模型将呈现融合趋势，比如数字孪生。

（2）现代工业工程技术

综合运用数学、物理和社会科学的专门知识和技术，结合工程分析和设计的原理与方法，对人、物料、设备、能源和信息等所组成的集成制造系统，进行设计、改善、实施、确认、预测和评价。

（3）先进制造理念、方法与系统

并行工程、协同设计、云制造、可持续制造、精益生产、敏捷制造、虚拟制造、计算机集成制造、产品全生命周期管理（Product Lifecycle Management，PLM）、制造执行系统（Manufacturing Execution System，MES）、企业资源规划（Enterprise Resource Planning，ERP）等。

2. 新一代信息技术

新一代信息技术正成为制造业创新的重要原动力，通过信息获取、处理、传输、融合等各方面的先进技术手段，为人、机、物的互联互通提供基础，这些技术具体如下。①智能感知技术：传感器网络、RFID、图像识别等。②物联网技术：泛在感知、网络通信、物联网应用等。③云计算技术：分布式存储、虚拟化、云平台等。④工业互联网技术：CPS、服务网架构、语义互操作、移动通信、移动定位、信息安全等。⑤虚拟现实（Virtual Reality，VR）和增强现实（Augmented Reality，AR）技术：构建三维模拟空间或虚实融合空间，在视觉、听觉、触觉等感官上让人们沉浸式体验虚拟世界，VR/AR技术可广泛应用于产品体验、设计与工艺验证、工厂规划、生产监控、维修服务等环节。

3. 人工智能技术

人工智能技术在制造过程的各个环节是非常有价值的，如智能产品设计、智能工艺设计、机器人、加工过程智能控制、智能排产、智能故障诊断等，同时它也是一些智能优化算法的基础。人工智能的实现离不开感知、学习、推理、决策等基本环节，其中知识的获取、表达和利用是关键。分布式人工智能（Distributed Artificial Intelligence，DAI）是人工智能的重要研究领域，多智能体系统（Multi Agent System，MAS）是DAI的一种实现手段。在未来分散制造的大趋势下，CPS是分布式制造智能的一种体现。

4. 智能优化技术

制造系统中许多优化决策问题的性质极其复杂，不可能找到精确求得最优解的多项式时间算法。具有约束处理机制、自组织自学习机制、动态机制、并行机制、免疫机制、协同机制等特点的智能优化算法，如遗传算法、禁忌搜索算法、模拟退火算法、粒子群优化算法、蚁群优化算法、蜂群算法、候鸟算法等，为解决优化问题提供了新的思路和手段。这些基于生命行为特征的智能算法广泛应用于智能制造系统，如智能工艺过程编制、生产过程的智能调度、智能监测诊断及补偿、设备智能维护、加工过程的智能控制、智能质量控制、生产与经营的智能决策等。

5. 大数据分析与决策支持技术

数据挖掘、知识发现、决策支持等技术已在制造过程中得到广泛应用。工业大数据是由设备实时监控、RFID数据采集、产品质量在线检测、产品远程维护等环节的大数据，与设计、工艺、生产、物流、运营等常规数据一起共同构成的。在制造领域，通过大数据分析，可以提前发现生产过程中的异常趋势，分析质量问题产生的根源，发现制约生产效率的瓶颈，为工艺优化、质量改善、设备预防性维护甚至产品的改进设计等提供科学的决策支持。

（四）智能制造的发展趋势

智能制造是21世纪最重要的先进制造技术，是国际制造业科技竞争的制高点。

1. 建模与仿真技术应用于制造全系统、全过程

建模与仿真已是制造业不可或缺的工具与手段。构建基于模型的企业（Model Based Enterprise，MBE）是企业迈向数字化智能化的战略路径，已成为当代先进制造体系的具体体现，代表了数字化制造的未来。基于模型的工程（Model Based Engineering，MBE）、基于模型的制造（Model Based Manufacturing，MBM）和基于模型的维护（Model Based Sustainment，MBE）作为单一数据源的数字化企业系统模型中的三个主要组成部分，涵盖从产品设计、制造到服务完整的产品全生命周期业务，从虚拟的工程设计到现实的制造工厂直至产品的上市流通，建模与仿真技术始终服务于产品生命周期的每个阶段，为制造系统的智能化及高效研制与运行提供了使能技术。

2. 机器人和柔性生产线的广泛应用

柔性自动生产线和机器人的使用可以积极应对劳动力短缺和用工成本上涨。同时，利用机器人高精度操作，提高产品品质和作业安全，是市场竞争的取胜之道。以工业机器人为代表的自动化制造装备在生产过程中的应用日趋广泛，在汽车、电子设备、奶制品和饮料等行业已大量使用基于工业机器人的自动化生产线。

3. 物联网和务联网的支撑作用

基于物联网和务联网构成的制造服务互联网（云），实现了制造全过程中制造工厂内外的人、机、物的共享、集成、协同与优化。通过虚拟网络—实体物理系统，整合智能机器、储存系统和生产设施。通过物联网、服务计算、云计算等信息技术与制造技术融合，构成制造务联网（Internet of Serves），实现软硬制造资源和能力的全系统、全生命周期、全方位的深度的感知、互联、决策、控制、执行和服务化，使得从入厂物流配送到生产、销售、出厂物流和服务，实现泛在的人、机、物、信息的集成、共享、协同与优化的云制造。同时支持了制造企业从制造产品向制造产品加制造服务综合模式的发展。

4. 供应链的动态管理、整合与优化

供应链管理是一个复杂、动态、多变的过程，通过应用物联网、互联网、人工智能、大数据等新一代信息技术，可以提高数据的可视化，访问数据的移动化；提升供应链管理的人机系统的协调性，实现人性化的技术和管理系统。企业通过供应链的全过程管理、信息集中化管理、系统动态化管理实现整个供应链的可持续发展，进而缩短了满足客户订单的时间，提高了价值链协同效率，提升了生产效率，使得全球范围的供应链管理更具效率。

5. 先进制造技术的应用与作用进一步强化

3D打印技术是综合材料、制造、信息技术的多学科技术，不需要机械加

工或模具，就能直接从计算机图形数据中生成任何形状的物体，可极大地缩短产品的研制周期，提高生产率和降低生产成本。3D打印与云制造技术的融合将是实现个性化、社会化制造的有效制造模式与手段。

第四节 智能制造过程的监测、诊断与控制

一、智能监测

随着计算机技术、信息技术、精密加工等技术的发展，一些新的技术如机器视觉、声发射技术、热红外技术等实现了加工过程参数的智能监测，为智能制造技术的实现奠定了基础。智能制造就是以信息流全局监控为基本线索，通过制造与服役过程的精确调控加以体现，而状态监测传感技术是其中的重要环节。本节将介绍刀具、机床、几何量、智能传动及油液等在线监测应用中监测技术的特点及未来发展趋势。

（一）刀具磨损的在线监测技术

在智能制造过程中，不再像传统制造那样需要依靠人工来判断刀具的磨损状态，而是可以通过自动实时监测一些切削过程中的物理量来实现刀具磨损状态的监测，以确定是否需要更换刀具，从而确保加工的连续性以及更好的加工质量。刀具磨损的在线监测有多种方法，包括切削力监测技术、振动监测技术、声发射信号监测技术、基于电流和功率的监测技术、切削温度监测技术、表面粗糙度监测技术、声音监测技术等。

随着难加工材料的应用和超高速切削技术的不断推广，刀具振动成了提高机床加工效率的障碍之一，特别是铣削加工等方式。由于刀具具有较大的长径比，因此刀具往往是机床刚度最薄弱的环节，刀具振动（如不平衡振动与颤振）的产生直接影响了加工精度和表面粗糙度。加工中刀具的振动还导致刀具与工件间产生相对位移，使刀具磨损加快，甚至产生崩刃现象，严重降低刀具寿命；此外，振动使得机床各部件之间的配合受损，机床连接特性受到破坏，严重时甚至使切削加工无法继续进行。为减小振动，有时不得不降低切削用量，甚至降低高速铣削加工速度，使机床加工的生产率大大降低。因此，为了提高机床加工效率，保障产品加工质量和精度，对高速铣削过程中刀具的振动监测具有重要意义。

实际上，刀具振动是刀具在切削过程中因主轴－刀具－工件系统在内外力或系统刚性动态变化下在三维空间内所发生的不稳定运动，它的位移具有方向

性，且是一个空间概念：①刀具刀尖平面到工件表面纵向的垂直位移；②刀具刀尖在平行于工件表面的平面内所产生的横向位移；③因刀具扭转振动所产生的刀尖平面与工件表面的夹角。在高速铣削加工过程中，外部扰动、切削本身的断续性或切屑形成的不连续性激起的强迫振动、因加工系统本身特性所导致的自激振动和切削系统在随机因素作用下引起的随机振动直接导致刀具三维振动轨迹在时间、方向和空间上的变化。因此，刀具的三维振动特征，即纵向振动位移、横向振动位移和刀具扭转振动角度的动态检测，能帮助快速、全面、准确地识别高速铣削刀具的不稳定振动行为。

声发射刀具磨损监测技术是近年来声发射在无损检测领域方面新开辟的一个应用领域，目前被公认为是一种最具潜力的新型监测技术。声发射的原理是当工件材料在外力作用下发生塑性变形时会引起应变能的迅速释放，从而随之释放出瞬态弹性波。这些释放出来的弹性波直接来源于切削加工点，通过工件传递并被采集监测，其频率和幅值与刀具磨损状态具有较高的相关性，一般处于 50kHz 以上的高频段，所以声发射信号受切削条件变化的影响较小，此外还具有响应速度快、灵敏度高、安装使用较为方便并且对切削加工过程无干涉等优点。如果是在正常的磨损状态下，声发射信号则呈现连续性；一旦刀具发生破损后，声发射信号则转变成幅值较高的非连续性突发信号。

在刀具磨损过程中，电机的电流随刀具磨损程度逐渐增大，与此同时，负载功率也会随之增大，因此可根据此规律来判别刀具的磨损状态变化。但这种情况下电流信号的灵敏度并不高，特别是在一些精加工中，机床的功耗随刀具的磨损变化并不明显，且电压是否稳定对信号具有较大的影响，所以这种监测方法在实际应用中具有一定的局限性，更适合于粗加工场合。研究发现，随着刀具的磨损加重，切削功率、主切削力、电机电流均会逐渐增加，并通过计算建立了切削功率、电机电流与刀具磨损之间的理论模型。最后，通过分析其实验结果表明，刀具从新刀至刀具失效破损的过程中，切削功率增加了 20% ～ 22%，所以可以利用该方法来有效识别刀具的破损情况。

在切削工件的过程中，刀具与工件接触做功时会产生热量，即切削热，该热量值还会随刀具的磨损加剧而大幅度增加。因此通过监测切削法包括热电偶测温法、红外测量法等，分别利用热电偶测出切削区域和刀尖周围某点的平均温度变化以及红外测温法测出切削区域温度场的分布情况差异来实现刀具磨损状况的判别。这些方法由于切屑散热量的不确定性，导致存在测量温度不稳定的缺点，因此发展前途有限。

刀具刀刃锋利度、切削速度以及几何尺寸都会影响工件表面粗糙度，因此工件表面粗糙度会随着刀具磨损程度的变化而变化，据此可以间接反映刀具的磨损状态。因此可以先建立刀具在不同磨损状态下所加工零件表面的粗糙度基准，再通过实时测量工件表面的粗糙度并同基准的粗糙度对比，从而确定刀具的磨损范围。测量方法主要有两种：接触式划针静态测量法和非接触式光学反射测量法，这两种方法测试效率高，但是影响因素多，因此距实用还有一定距离。声音信号是由工件与切屑刀具表面的摩擦振动产生的，其频域及时域参数与刀具磨损程度相关，因此提供了一种新的监测刀具磨损的方法：利用声音信号的变化来监测刀具磨损。由于声音信号处于低频段，与声发射信号相比，抗周围环境尤其是噪声干扰的能力较弱。研究发现，利用切削的声音信号来提取与刀具磨损相关的特征参数，其研究表明，声音信号会随着刀具磨损的加剧逐步出现高频分量，且幅值会不断变大，此研究说明了利用声音信号的变化来监测刀具磨损的可行性。

（二）数控机床健康状态在线监测技术

数控机床健康预测系统需要具备以下两个特征。

①具备对自身和其关键部件状态的感知能力，如机床的振动、负载状态、位移、温升状态等，通过一系列的传感器实现对机床健康状态和运行状态进行监控。

②具备通信和人机交互能力，其数控系统不仅是运动的控制器，还是工厂网络的一个节点，要能实现与机床、客户、车间管理系统和物料流管理系统之间实时通信，以提高机床的使用效率和效益。

在加工过程中，如果机床出现故障会对液压油箱、主轴箱等关键设备的物理状态造成巨大影响，在这种情况下，传统的机床监测系统通过采用有线传感器网络的方式对机床关键设备进行状态监测，进而降低这种影响。然而，虽然这种网络可以在一定程度上降低硬件成本，但同时也会带来诸多安装和使用问题，例如，机床床身的剧烈震动可能会造成数据处理模块与传感器模块之间通信线缆的折断；通信线缆过短就会出现无法适应不同类型机床需求的问题，而当通信线缆过长时则可能造成数字信号的衰减；当采用集中连接方式时，会造成传感器模块的更换和维修更加困难等问题。

对机床状态的感知问题可以通过机床自身的通信接口或新增传感器解决。对于没有开放式标准通信协议接口的机床，则可以使用电压电流传感器对机床的伺服电机电流、主轴驱动电流、三相电电流电压等进行监测；如果电压电流在不同状态下的变化不明显时，可以采用其他类型的传感器进行辅助监测，并通过一定的识别方法综合判断机床的运行状态；如果厂家提供了开放式的通信接口和通信协议，则可以直接采用。

对于状态数据的无线传输问题可以采用物联网技术解决。物联网体系结构中主要是通过最基层的感知与控制层来转换与采集传感信息。感知控制层主要由近距离通信以及数据采集部分组成，其中数据采集功能主要通过视频图像采集技术、二维条码技术、传感器技术采集被监测对象的初始物理信息，并且将这些物理信息转变成数字信息。近距离通信技术则指数据在200m范围内的传输技术，主流技术分为RFID、WiFi、蓝牙、ZigBee等。RFID是指无线射频识别技术，其优点是标签便宜、读写速度快、使用寿命长，缺点是读写距离较短。WiFi技术也被称为WLAN技术，它能够将手持设备、个人电脑等终端采用无线方式互相连接，其优点是传输速度快，缺点是功耗相对较高。蓝牙是一种低成本大容量的近距离无线通信规范，其优点是设备的主端口与从端口配对时间较长，重启连接机制也较为复杂，传输的距离比较近。基于IEEE 802.15.4标准低功耗局域网协议的ZigBee技术，已被大规模用于智能医疗、智能家居、工业控制等领域。但ZigBee的工作频段（2.4 GHz）与WiFi和蓝牙互相重叠并且不支持自动调频，因此当这些网络共存时，ZigBee信号将会被严重干扰。

以上4种主流近距离通信技术各有其优缺点，设计者应根据所使用环境的具体需求来选择合适的技术。在实际使用时，常采用融合两种或两种以上近距离通信技术的设计方法，以使物联网系统能够同时拥有更低的使用功耗和更远的通信距离。

（三）几何量的在线监测技术

随着图像处理、计算机和成像器件等先进技术的快速发展，机器视觉零件在几何量测量中应用得越来越广泛。机器视觉主要利用计算机来模拟人或者再现与人类视觉有关的某些智能行为，从客观事物的图像中提取信息，分析特征，最终用于如工业检测、工业探伤、精密测控、自动生产线及各种危险场合工作的机器人等。机器视觉测量作为一种非接触测量方法，具有不接触被测对象的优点，从而可以避免损坏被测对象，因此适合于易变形零件或高压、高温等环境危险场合。另外，由于机器视觉系统还具有通过一幅图像测量多个几何量的特点，可极大地提高测量效率，因此，它在在线测量中具有很大的应用前景，如螺纹和齿轮的热成型零件测量、在线测量等。对于流水生产线而言，采用专用的测量设备，不但不能保证在线检测，且检测效率也很低。所以，对于像螺纹、齿轮这样轮廓复杂的零件，采用机器视觉可以利用零件图像来快速获取轮廓的信息，进而满足在线实时测量的需求，及时掌握生产状况；对于像热成型这样的零件，可以借助该系统不接触采集零件的图像的特点，经以太网将图像数据送入远处计算机进行处理，可轻松地使测量精度达到微米甚至更高。

（四）智能传动装置中的状态监测技术

智能传动装置是一种不同技术融合的装置，通过将网络技术、总线技术、信息技术、数字技术与传统动力传动技术相融合，实现密封、气动、液压、齿轮、轴承等传动件的在线自我诊断、在线监测、自我修复、实时控制及多种元件与功能的集成装置。智能化轴承与智能化密封是两种典型的智能传动装置。智能化轴承通过动态监测轴承信号（速度、加速度、温度、磨损、噪声），并且融合功能一体化与性能多样化要求，实现轴承的智能监控与早期预警。智能化密封通过适合密封件尺寸的具有集成功能的传感器实现密封状态的监测，并根据密封件的使用状况，预测密封寿命、监测密封水平、调整密封压力，可以大幅度提高密封的安全性与可靠性。

近些年来，声发射作为一种新型检测方法得到关注。声发射法具有安装方式简单，能够得到根据载荷、温度等参数变化产生实时信息变化的特点，可用于预防由于不明缺陷导致的事故。所以该方法适用于生产过程监控以及早期预警。其缺点在于不能反映静态时的受力信息，容易受到外界噪声干扰。

（五）油液状态在线监测技术

通过监测油液的相关参数变化可以对机械设备的故障进行诊断与预测。油液状态监测的参数包括几个方面：理化性能监测、污染度监测、金属磨粒监测等。理化性能监测的指标包括介电常数、黏度、水分、总碱值、闪点、总酸值等指标；污染度监测是对油液中颗粒的分布情况、大小尺寸和数量进行监测；金属磨粒监测流动油液中金属颗粒种类、大小、数量、质量等信息。

油液污染度在线监测传感器可以对油液污染度实现在线实时监测。它将光束射入样品油液中，采用光阻法测量油液污染的颗粒大小。如果有颗粒出现，就会阻挡光线，造成光能的降低，通过检测透过的光能的降低可间接地计算出污染颗粒的大小。

油液金属磨粒在线监测传感器可以实现油液金属磨粒材质与尺寸的实时在线监测。它包括 3 个线圈，采用交流电对其中两个激励线圈进行驱动，使传感线圈产生相反的磁场。当油液通过激励线圈时，油液中的金属颗粒对线圈中产生的磁场产生扰动，这种扰动能够产生感应电压并被准确识别。通过分析传感线圈输出信号的幅值和相位来确定颗粒的尺寸和类型。

油液品质在线监测传感器可以实现油液介电常数、黏度等参数的在线监测。介电常数可以通过测量圆筒电容值来实现。音叉晶体的等效阻抗和频率响应与黏度具有良好的相关性，可以通过音叉晶体的逆压电效应，将油液的黏度信号转换为电信号输出。

二、智能诊断

机械系统在众多领域得到了广泛运用，关注的核心在于稳定性和维护效益。智能故障诊断技术在增强机械系统可靠性方面，始终为研究焦点。

（一）基于深度学习的图像诊断

智能故障诊断技术在机械领域广泛运用，当代工业领域瞩目的焦点之一，深度学习方法在图像诊断技术中起到了关键作用，设备稳定性和工作效率的优化成为关键因素。深度学习便是模拟人脑神经网络结构的机器学习手段，图像处理领域的杰出专家，使其在机械故障诊断领域具备独特优势。深度学习技术在图像诊断领域得到了广泛应用，构建高效神经网络模型成为核心要务，这些模型经过了海量图像数据的训练，能够精准辨别并归类机械系统潜在的多种故障形态。卷积神经网络（CNN）在深度学习领域备受瞩目，被视为一种普遍的范式，这种设计借鉴了人类视觉机制的原理，采用分层卷积与池化技术，因此，要学会应对与领悟繁复资讯。

深度学习的核心竞争力在于其能自主提炼特征，深度学习在图像处理方面成绩斐然，相较于传统技术，新型手段呈现出显著优势，该方法彰显了显著的优势，原因在于它摒弃了繁琐的手动算法设计的限制，而是自行挖掘特质，借助训练数据加以提炼，增强系统的适应能力和广泛应用范围，图像诊断的技艺起源于深度学习领域，能更加妥善地应对机械系统所面临的种种变动与复杂环境。深度学习在图像诊断领域的具体应用，该技术得以广泛适用于各种机械设备领域，涉及制造业、能源业及交通运输等行业。

（二）传感器技术

智能故障诊断技术在机械领域实现了应用，传感器技术在全局中具有举足轻重的地位，其重要性不言而喻。可检测与测定机械系统各参数的传感器设备，实时数据的搜集为故障诊断提供了至关重要的依据。实时监控机械系统运行状况，这是传感器技术的核心所在，各类传感器涵盖温度、压力以及振动等领域，审视机械系统各核心指标的波动，数据在识别疾病、预测设备寿命及优化运行效率方面具有举足轻重的地位。智能故障诊断领域中，机械系统成为关键的研究重点，广泛应用的振动传感器种类繁多。探究机械系统内部的动态属性及振动现象，振动信号的探测方法已被证实具有实效，振动信号分析助力洞悉设备故障与异常内核，轴承的损耗、失衡及对中故障，振动传感器的监测与诊断效能得以充分发挥。在机械行业中，温度传感器的角色举足轻重，过高或过低的温度可能导致设备出现问题，因此，运用温度感应器实现目标调控，实时监测设备热度，有利于迅速发现潜在故障，将执行维护策略视为重中之重。

　　压力传感器的核心功能在于监测液压与气压系统的运行状态，异常压力波动或为管道拥堵、泄漏等险情之先兆。对这些问题进行适时检测，控制系统故障得以缓解，设备稳定性逐步提升。随着传感器技术的持续突破，机械系统故障诊断的准确性和全面性得以全面提升，数字化的现代传感器拥有数据输出功能，无线通信科技推动远程监控得以实现。这一措施使远程故障诊断与实时反馈成为可能，故障处理时长显著缩减，工作效率得以提升。传感器技术在智能故障诊断领域占据核心地位，关键信息的实时监控与搜集，其重要性不言而喻，故障诊断的关键信息来源，传感器助力提前洞察潜在风险，优化设备维护策略，促进机械系统智能化与可靠性的全面提升。

　　（三）远程监控与通信技术

　　在机械系统智能故障诊断领域方面，研究人员致力于开发创新方法，我国远程监控与通信技术的应用，监控设备的实时运行情况，对其在关键时刻的作用，故障识别方面取得了明显进步。无线通信技术在远程监控领域展现出卓越效能，实现远程监控与数据传输，确保机械设备高效运行，技术团队及运维人员已全面把握设备实时动态。远程监控技术对于提升机械系统维护成效起着举足轻重的作用，传感器实时采集数据，远程监控范围全面覆盖，机械系统运行状况尽收眼底，其中涵盖了振动、温度、压力等多方面参数的变化记录，建议技术人员远程勘查，旨在挖掘潜在故障。实时动态技术团队能够预测设备故障的出现时刻，减短停机时间以减轻生产受损程度。

　　远程监控让故障排除变得更快、更高效，当系统出现异常，远程监控机制便会启动，瞬间发出警报并通知相关人员，技术人员获取系统权限，实施远程故障诊断与紧急维修，达成远程操控目标，随着远程操控设备实时响应能力的增强，这一举措极大地提升了故障排除效能，同时缩短了停机时长。远程监控技术依赖于大数据分析，这一举措为设备的故障预测和健康管理提供了坚实的基础，历史数据经系统深度剖析，探究潜在故障缘由及设备损耗趋势，这种方式助力工程师制定更精准的维护方案，因此，成本降低，设备效能显著提高。无线通信科技不断取得突破，实时数据传输速度与稳定性大幅提高。无论是基于云技术的远程监控系统，物联网技艺已广泛渗透各领域，这种通信方式极大提高了机械系统智能故障诊断的效能。

　　（四）故障模式识别

　　在智能故障诊断技术领域中，机械系统研究的重要性日趋显著，全局运行受到故障模式识别的深远作用，设备运行数据经过分析和学习，对各类故障模式实施了精准区分与优化，这一行动为快速保障和修复提供了关键依据。故障识别流程涉及海量数据的学习与分析，振动、温度及压力等传感器所收集的相关数据，系统能够构建机械运行正常的模拟环境。系统故障所生成的数据模式将与正常状况存在显著差异。实时数据与预设模型的对比分析，有助于发现设备隐性故障。故障模式识别能在各类故障现象中准确定位，各类故障或许会引发机械系统的变动，轴承磨损、齿轮故障以及液压系统故障等问题。各种故障类型的振动与数据模式各具特点，故障模式识别系统拥有高效识别各种故障的能力，后续保养环节将获得恰当引导。

故障模式识别在预测故障方面表现出高效率，设备往昔数据，被作为系统训练依据，构建出设备在不同工况下的正常模式，一旦遇到异常，瞬间便能识别。故障要及时发现并防止恶化，成本负担减轻，维护效益得以提升。人工智能及机器学习领域不断实现突破性发展，故障识别模式在机械领域的智能化程度不断提升。深度学习模型具备自行辨识并提炼数据中复杂特质的能力，这导致系统在处理繁琐故障情境时，故障识别与预测准确性提高。

三、智能控制

粗略地说，智能控制是一种将智能理论应用于控制领域的模型描述、系统分析、控制设计与实现的控制方法。它首先是一种控制方法，是一种具有智能行为与特征的控制方法。

智能控制是能够在复杂变化的环境下根据不完整和不确定的信息，模拟人的思维方式使复杂系统自主达到高层综合目标的控制方法。

（一）智能控制方法与应用

智能控制研究的主要问题为智能控制系统基本结构和机理，建模方法与知识表示，智能控制系统分析与设计，智能算法与控制算法，自组织、自学习系统的结构和方法，以及智能控制系统的应用。

根据所承担的任务、被控对象与控制系统结构的复杂性以及智能的作用，智能控制系统可以分为直接智能控制系统、监督学习智能控制系统、递阶智能控制系统和多智能体控制系统等四种主要形式。由这四种基本系统构建了面向工业生产、交通运输、日常家居生活等领域丰富多彩的实际智能控制系统。

1. 直接智能控制系统

对于某些设备控制中的单机系统、流程工业中的单回路等实际被控对象，虽然该系统规模小，但该系统的机理复杂，导致系统的动力学模型呈现非线性、不确定性等复杂性；甚至采用传统数学模型难以描述与分析，以致传统的控制系统设计方法难以施展。针对这类底层被控对象的直接控制问题，出现了以模糊控制器、专家控制器为代表的直接智能控制系统。在直接智能控制系统中，智能控制器通过对系统的输出或状态变量的监测反馈，基于智能理论和智能控制方法求解相应的控制律/控制量，向系统提供控制信号，并直接对被控对象产生作用。

在直接智能控制系统中，智能控制器采用不同的智能监测方法，就形成各式智能控制器及智能控制系统，如模糊控制器、专家控制器、神经网络控制器、仿人智能控制器等。这些不同的直接智能控制方法，主要从不同的侧面、不同的角度模拟人的智能的各种属性，如人认识及语言表达上的模糊性、专家的经验推理与逻辑推理、大脑神经网络的感知与决策等。针对实际控制问题，这些智能控制方法可以独立承担任务，也可以由几种方法和机制结合在一起集成混合控制，如在模糊控制、专家控制中融入学习控制、神经网络控制的系统结构与策略来完成任务。

2. 监督学习智能控制系统

在复杂的被控系统和环境中，存在着多工况、多工作点、动力学特性变化、环境变化、多故障等复杂因素，当这些变化超过控制器本身的鲁棒性规定的稳定性和品质指标的裕量时，控制系统将不能稳定工作，品质指标也将恶化。对于此类复杂控制问题，需要在直接控制器之上设置对多工况和多工作点进行监控、对系统特性变化进行学习与自适应、对故障进行故障诊断与系统重构、承担监控与自适应的环节，以调整直接控制器的设定任务或控制器的结构与参数。这类对直接控制器具有监督和自适应功能的系统，称为监督学习控制系统。传统控制理论中，自适应控制与故障系统的控制器重构即属于这类的监督学习控制方法。监督学习控制系统中，直接控制器或监督学习环节是基于智能理论和方法设计与实现的控制系统，即为监督学习智能控制系统，也称为间接智能控制系统。

3. 递阶智能控制系统

对于规模巨大且复杂的被控系统和环境，单一直接控制系统和监督学习控制系统难以承担整个系统中多部件、多设备、多生产流程的组织管理、计划调度、分解与协调、生产过程监控、工艺与设备控制，所以各部分不能有机地结合达到整体优化与控制，不能共同完成系统的管、监、控一体的综合自动化。

递阶智能控制是在自适应控制和自组织控制等监督学习控制系统的基础上，由萨里迪斯提出的智能控制理论。递阶智能控制系统主要由三个智能控制级组成，按智能控制的高低分为组织级、协调级、执行级，并且这三级遵循"伴随智能递降、精确性递增"原则。递阶智能控制系统的三级控制结构，非常适合于以智能机器人系统、工业生产系统、智能交通系统为代表的大型、复杂被控对象系统的综合自动化与控制，能实现工业生产系统的组织管理、计划调度、分解与协调、生产过程监控以及工艺与设备控制的管、监、控一体的综合自动化。

4. 多智能体控制系统

目前的社会系统与工业系统正向大型、复杂、动态和开放的方向转变，传统的单个设备、单个系统及单个个体在许多关键问题上遇到了严重的挑战。多智能体系统理论为解决这些挑战提供了一条最佳途径，如在工业领域广泛出现的多机器人、多计算机应用系统等都是多智能体控制系统。

所谓智能体，即可以独立通过其传感器感知环境，并通过其自身努力改变环境的智能系统，如生物个体、智能机器人、智能控制器等都为典型的智能体。多智能体系统即为具有相互合作、协调与协商等作用的多个不同智能体组成的系统，如多机器人系统，是由多个不同目的、不同任务的智能机器人所组成的，它们共同合作，完成复杂任务。在工业控制领域，目前广泛采用的集散控制系统由分散的、具有一定自主性的单个控制系统，通过一定的共享、通信、协调机制共同实现系统的整体控制与优化，亦为典型的多智能体系统。与传统的采用多层和集中结构的智能控制系统结构相比，采用多智能体技术建立的分布式控制结构的系统有着明显的优点，如模块化好、知识库分散、容错性强和冗余度高、集成能力强、可扩展性强等。因而，采用多智能体系统的体系结构及技术正在成为多机器人系统、多机系统发展的必然趋势。

（二）智能控制方法的特点

传统的控制理论主要涉及对与伺服机构有关的系统或装置进行操作与数学运算，而 AI 所关心的主要与符号运算及逻辑推理有关。源自控制理论与 AI 结合的智能控制方法也具有自己的特点，并可归纳如下。

1. 混杂系统与混合知识表示

智能控制研究的对象结构复杂，具有不同运动与变化过程的各过程有机地集成于一个系统内的特点。例如，在机械制造加工中，机械加工过程的调度系统以一个加工、装配、运输过程的开始与完成来描述系统的进程（事件驱动），而加工设备的传动系统则以一个连续变量随时间运动变化来描述系统的进程（时间驱动），再如，在无人驾驶系统和智能机器人的基于图像处理与理解的机器视觉系统中，感知的是几近连续分布与连续变化的像素信息，通过模式识别与图像理解变换成的模式与符号，去分析被控对象及对控制行为进行决策，其控制过程又驱动一个连续变化的传动系统。现代大型加工制造系统、过程生产系统、交通运输系统等都呈现这样的混杂过程，其模型描述与控制知识表示也因此成为基于传统数学方法与 AI 中非数学的广义模型。

2. 复杂性

智能控制的复杂性体现为被控系统的复杂性、环境的复杂性、目标任务的复杂性、知识表示与获取的复杂性。被控系统的复杂性体现在其系统规模大且结构复杂，其动力学还出现诸如非线性、不确定性、事件驱动与符号逻辑空间等复杂动力学问题。

3. 结构性和递阶层次性

智能控制系统具有良好的结构性，其各个系统一般是具有一定独立自主行为的子系统，其系统结构呈现模块化。在多智能体系统中，各智能体本身就是一个具有自主性的智能系统，各智能体按照一定的通信、共享、合作与协调的机制和协议，共同执行与完成复杂任务。智能控制系统还将复杂的、大型的优化控制问题按一定层次分解为多层递阶结构，各层分别独立承担组织、计划、任务分解、直接控制与驱动等任务，有独立的决策机构与协调机构。上下层之间不仅有自上而下的组织（下达指令）、协调功能，还有自上而下的信息反馈功能。一般，层次越高，问题的解空间越大，所获取的信息不确定性也越大，越需要智能理论与方法的支持，越需要具有拟人的思维和行为的能力。智能控制的核心主要在高层，在承担组织、计划、任务分解及协调的结构层中。

4. 适应性、自学习与自组织

适应性、自学习与自组织是智能控制系统的"智能"和"自主"能力的重要体现。适应性是指智能控制系统具有较好的主动适应来自系统本身、外部环境或控制目标变化的能力。系统通过对当前控制策略下系统状态与期望的控制目标的差距的考量，对系统本身行为变化、环境因素变化的监测，主动地修正自己的系统结构、控制策略以及行为机制，以适应这些变化并达到期望的控制目标。

自学习是指智能控制系统自动获取有关被控对象及环境的未知特征和相关知识的能力，通过学习获取的知识，系统可以不断地改进自己决策与协调的策略，使系统逐步走向最优。

自组织能力是指智能控制系统具有高度柔性去组织与协助多个任务重构。当各任务的目标发生冲突时，系统能作出合理的决策。

第五节　智能制造装备的分析应用

一、智能机床

（一）智能机床概念

智能机床尚无全面确切定义，简单地说，是对影响制造过程的多种参数及功能做出判断并自我做出正确选控决定方案的机床。智能机床能够监控、诊断和修正在加工过程中出现的各类偏差，并能提供最优化的加工方案。此外，还能监控所使用的切削刀具以及机床主轴、轴承、导轨的剩余寿命等。

智能机床借助温度、加速度和位移等传感器监测机床工作状态和环境的变化，实时进行调节和控制，优化切削用量，抑制或消除振动，补偿热变形，能充分发挥机床的潜力，是基于模型的闭环加工系统。

智能机床是工厂网络的一个节点，可实现机床之间和车间管理系统的相互通信，提高生产系统效率和效益。它是从加工设备进化到工厂网络的终端，生产数据能够自动采集，实现机床与机床、机床与各级管理系统的实时通信，使生产透明化，机床融入企业的组织和管理。机床智能化和网络化为制造资源社会共享、构建异地的、虚拟的云工厂创造了条件，从而迈向共享经济新时代，创造更多的价值。将来，数字系统将成为高端机床的不可分割的组成部分，虚实形影不离。利用传感器对机床的运行状态实时监控，再通过仿真及智能算法进行加工过程优化，尽可能预测性能变化，实现按需维修。

智能机床的出现，为未来装备制造业实现全盘生产自动化创造了条件。首先，通过自动抑制振动、减少热变形、防止干涉、自动调节润滑油量、减少噪声等，可提高机床的加工精度、效率。其次，对于进一步发展集成制造系统来说，单个机床自动化水平提高后，可以大大减少人在管理机床方面的工作量。人能有更多的精力和时间来解决机床以外的复杂问题，能更进一步发展智能机床和智能系统。最后，数控系统的开发创新，对于机床智能化起到了极其重大的作用。它能够收容大量信息，对各种信息进行储存、分析、处理、判断、调节、优化、控制。它还具有重要功能，如工夹具数据库、对话型编程、刀具路径检验、工序加工时间分析、开工时间状况解析、实际加工负荷监视、加工导航、调节、优化，以及适应控制。

（二）智能机床关键技术

1. 振动的自动抑制技术

加工过程中的振动现象不仅会恶化零件的加工表面质量，还会降低，机床、刀具的使用寿命，严重时甚至会使切削加工无法进行。因此，切削振动是影响机械产品加工质量和机床切削效率的关键技术问题之一，同时也是自动化生产的严重障碍。在机床振动抑制方面，除了需在机床结构设计上不断改进外，对振动的监控也备受关注。目前，一般是通过在电主轴壳体安装加速度传感器来实现对振动的监控。

MikronHsm 系列高速铣削加工中心将铣削过程中监控到的振动以加速度 g 的形式显示，振动大小在 $0g \sim 10g$ 范围内分为 10 级。其中，$0g \sim 3g$ 表示加工过程、刀具和夹具都处于良好状态；$3g \sim 7g$ 表示加工过程需要调整，否则将导致主轴和刀具寿命的降低；$7g \sim 10g$ 表示危险状态，如果继续工作，将造成主轴、机床、刀具及工件的损坏。在此基础上，数控系统还可预测在不同振动级别下主轴部件的寿命。日本山崎马扎克也推出了一种"智能主轴"，在振动加剧或异常现象发生时可起到预防保护作用，确保安全。一旦监测到的主轴振动增大，机床会自动降低转速，改变加工条件；反之，如果在振动方面还有余地，就会加大转速，提高加工效率。

2. 切削温度的监控及补偿

在加工过程中，电动机的旋转、移动部件的移动和切削等都会产生热量，且温度分布不均匀，造成数控机床产生热变形，影响零件加工精度。高速加工中主轴转速和进给速度的提高会导致机床结构和测量系统的热变形，同时装置控制的跟踪误差随速度的增加而增大，因此用于高速加工的数控系统不仅应具备高速的数据处理能力，还应具备热误差补偿功能，以减少高速主轴、立柱和床身热变形的影响，提高机床加工精度。为实现对切削温度的监控，通常在数控机床高速主轴上安装温度传感器，监控温度信号并将其转换成电信号输送给数控系统，进行相应的温度补偿。温度传感器是一种将温度高低转变成电阻值大小或其他电信号的装置，常见的有以铂、铜为主的热电阻传感器，以半导体材料为主的热敏电阻传感器和热电偶传感器等。

随着测试手段和控制理论的不断发展，各机床公司纷纷利用先进的手段和方法对温度变化进行监控和补偿。瑞士米克朗通过长期研究，针对切削热对加工造成的影响，开发了 ITC 智能热补偿系统。该系统采用温度传感器实现对主轴切削端温度变化的实时监控，并将这些温度变化反映至数控系统，数控系统中内置了热补偿经验值的智能热控制模块，可根据温度变化自动调整刀尖位置，避免 Z 方向的严重漂移。采用 ITC 智能热补偿系统的机床大大提高了加工精度，还缩短了机床预热时间并消除了人工干预，所以也同时提高了零件的加工效率。

3. 智能刀具监控技术

实现刀具磨损和破损的自动监控是完善机床智能化发展不可缺少的部分。现代数控加工技术的特点是生产率高、稳定性好、灵活性强，依靠人工监视刀具的磨损已远远不能满足智能化程度日益提高的要求。进入 21 世纪以来，高速处理器、数字化控制、前馈控制和现场总线技术被广泛采用，由于信息处理功能的提高和传感器技术的发展，刀具加工过程中实时监控所需的数据采集与处理已经成为可能。

从刀具技术自身的发展来看，适应特殊应用目的和满足规范要求的智能化刀具材料、自动稳定性刀具和智能化切削刃交换系统也是刀具技术的重要发展方向之一。但是，在刀具上安装传感器、电子元件和调节装置必然会占据一定的空间，从而增加刀具的尺寸或减少它们的壁厚截面，这对刀具本身的工艺特性有着许多不利的影响。因此，更为普遍的一种观点认为，刀具作用的充分发挥应更多地依赖于智能化机床，其关键在于刀具使用过程中的信息能够与机床控制系统进行相互交流。

在刀具监控手段和方法方面，主要有切削力监控、声发射监控、振动监控及电机功率监控等测试手段，涉及的技术主要包括智能传感器技术、模式识别、模糊技术、专家系统及人工神经网络等。模糊模式识别在模式识别技术中是比较新颖的方法，可以根据刀具状态信号来识别刀具的磨损情况，利用模糊关系矩阵来描述刀具状态与信号特征之间的关系，国内外都已进行了这些方面的研究，且都取得了一定成功。

4. 加工参数的智能优化与选择

将工艺专家或技师的经验、零件加工的一般与特殊规律，用现代智能方法，构造基于专家系统或基于模型的"加工参数的智能优化与选择器"，利用它获得优化的加工参数，从而达到提高编程效率和加工工艺水平、缩短生产准备时间的目的。

5. 智能故障自诊断、自修复和回放仿真技术

根据已有的故障信息，应用现代智能方法实现故障的快速准确定位；能够完整记录系统的各种信息，对数控机床发生的各种错误和事故进行回放与仿真，用以确定错误引起的原因，找出解决问题的办法，积累生产经验。

6. 高性能智能化交流伺服驱动装置

新一代数控应具有更高的智能水平，其中高性能智能化交流伺服系统的研究是智能数控系统的技术前沿。将人工神经网络、专家系统、模糊控制、遗传

算法等与现代交流伺服控制理论相结合，研究高精度、高可靠性、快响应的智能化交流伺服系统已经引起国内外的高度重视。智能化交流伺服装置是自动识别负载，并自动调整参数的智能化伺服系统，包括智能主轴交流驱动装置和智能化进给伺服装置。这种驱动装置能自动识别电机及负载的转动惯量，并自动对控制系统参数进行优化和调整，使驱动系统获得最佳运行。

7. 智能 4M 数控系统

在制造过程中，加工、检测一体化是实现快速制造、快速检测和快速响应的有效途径，将测量（Measurement）、建模（Modelling）、加工（Manufacturing）、机器操作（Manipulator）四者（4M）融合在一个系统中，实现信息共享，促进测量、建模、加工、装夹、操作的一体化。

8. 智能操作与远距离通信技术

机床发生故障及误操作时常会导致工件的报废和机床的损坏，从而给用户造成不必要的经济损失。同时，现场操作参数的设定也对零件的加工结果和加工效率有着重要的影响。

利用智能操作支持系统，操作者可以根据实际加工对象的不同来优化机床性能参数的设置。使用该系统时，在由速度、精度和表面质量构成的三角形范围内选定任一点作为这三项指标的综合优化目标，同时将零件的复杂程度、重量以及精度设定值输入系统，系统就会自动根据操作者的设定实现机床性能参数的自动优化。

市场竞争的不断加剧要求机床在周末等非工作时间仍然需要保持运行。机床自动化程度的不断提高和信息技术的发展使机床与操作人员之间通信关系的建立成为可能，在人机分离的情况下，操作人员仍然可以实现对机床的控制和加工信息的掌握。在远程通信方面，目前有代表性的应用主要有米克朗的远距离通知系统和马扎克的信息塔技术。米克朗的远距离通知系统可以实现空间上完全分离的操作者与机床能够保持实时联系，机床可以以短消息的形式将加工状态发送到相关人员的手机上，缺少刀具时也可以通知工具室和供应商，发生故障时则通知维修部门等。

9. 机床互联

机床联网可进行远程监控和远程操作，通过机床联网，可在一台机床上对其他机床进行编程、设定、操作、运行。在网络化基础上，可以将 CAD/CAM 与数控系统集成为一体。新一代数控网络环境的研究已成为近年来国际上研究的重要内容，包括数控内部 CNC 与伺服装置间的通信网络、与上级计算机间的通信网络、与车间现场设备和通过因特网进行通信的网络系统。

二、3D 打印装备

近年来，3D 打印技术取得了快速的发展。3D 打印原理与不同的材料和工艺结合形成了许多 3D 打印设备，在航空航天、家电电子、生物医疗、装备制造、工业产品设计等领域得到了越来越广泛的应用。

3D 打印技术的核心是数字化、智能化制造，它改变了通过对原材料进行切削、组装进行生产的加工模式，实现了面向任意复杂结构的按需生产，将对产品设计与制造、材料制备、企业形态乃至整个传统制造体系产生深刻的影响。

（一）基本概念

3D 打印也称 3D 打印技术或激光快速原型（LRP），其基本原理都是叠层制造。基于这种技术的 3D 打印机在内部装有液体或粉末等"打印材料"，通过计算机控制把"打印材料"一层层叠加起来，最终把计算机上的三维蓝图变成实物。

3D 打印是一种以数字模型为基础，运用塑料或粉末状金属等可黏合材料，通过逐层打印的方式来构造物体的技术，目前该领域广泛应用于模具制造、工业设计、鞋类、珠宝设计、工艺品设计、建筑、工程施工、汽车、航空航天、医疗、教育、地理信息系统、土木工程等领域。其打印的材料分为工程塑料和金属两大类：工程塑料有树脂类、尼龙类、ABS、PLA 等；金属有不锈钢、模具钢、铜、铝、钛、镍等合金。3D 打印的成型工艺有 FDM、SLA、SLS、SLM 等，其中粉末类材料一般采用激光烧结，价格比较贵。SLA 不太环保，相对来说 FDM 比较便宜，材料 PLA 比较环保。

（二）3D 打印技术的特点

相比传统的制造方式，3D 打印技术主要具有以下几个特点。

1. 全数字化制造

3D 打印是集计算机、CAD/CAM、数控、激光、材料和机械等于一体的先进制造技术，整个生产过程实现全数字化，与三维模型直接关联，所见即所得，零件可随时制造与修改，实现了设计和制造的一体化。

2. 全柔性制造

与产品的复杂程度无关，适应于加工各种形状的零件，可实现自由制造，原型的复制性能力越高，在加工复杂曲面时优势更加明显；具有高柔性，无须模具、刀具和特殊工装，即可制造出具有一定精度和强度并满足一定功能的原型和零件。

3. 适应新产品开发/小批量/个性化定制

3D打印解决了复杂结构零件的快速成型问题，减少了加工工序，缩短了加工周期。从CAD设计到原型零件制成，一般只需几个小时至几十个小时，速度比传统的成型方法更快，这使得3D打印尤其适合于新产品的开发与管理，以及解决复杂产品或单件小批量产品的制造效率问题。

4. 材料的广泛性

3D打印现在已可用于多种材料的加工，可以制造树脂类、塑料类原型，还可以制造纸类、石蜡类、复合材料、金属材料以及陶瓷材料的零件。

（三）常用3D打印的原理

1. 光固化成型（SLA）

光固化成型（Stereo Lithography Apparatus，SLA）又称立体光刻成型，是最早发展起来的增材制造技术，目前市场和应用已经比较成熟。光固化成型主要使用液态光敏树脂为原材料，液槽中盛满液态光固化树脂，氦—镉激光器或氩离子激光器发射出的紫外激光束在计算机的控制下按工件的分层截面数据在液态的光敏树脂表面进行逐行逐点扫描，使得扫描区域的树脂薄层产生聚合反应而固化，从而形成工件的一个薄层，未被照射的地方仍是液态树脂。当一层扫描完成且树脂固化完毕后，工作台将下移一个层厚的距离以使在固化好的树脂表面上再覆盖一层新的液态树脂，刮板将黏度较大的树脂液面刮平，然后再进行下一层的激光扫描固化。新固化的一层将牢固地黏合在前一层上，如此重复直至整个工件层叠完毕，逐层固化得到完整的三维实体。

与其他3D打印工艺相比，光固化成型的特点是精度高、表面质量好，是目前公认的成型精度最高的工艺方法，原材料的利用率近100%，无任何毒副作用，能成型薄壁、形状特别复杂、特别精细的零件，特别适用于汽车、家电行业的新产品开发，尤其是样件制作、设计验证、装配检验及功能测试；成型效率高，可达60～150g/h，其他工艺方法无法达到。激光固化成型是目前众多的基于材料累加法3D打印中在工业领域最为广泛使用的一种方法。迄今为止，据不完全统计，全世界共安装各类工业级3D打印机中超过50%为激光固化成型3D打印机。在我国，使用与安装的工业级3D打印机中60%为激光固化成型3D打印机。

2. 选区激光烧结/熔化

选区激光烧结（Selecting Laser Sintering，SLS）和选区激光熔化（Selecting Laser Melting，SLM）的原理类似，都是采用激光作为热源对基于粉床的粉末材料进行加工成型的增材制造工艺方法。粉末首先被均匀地预置到基板上，激光通过扫描振镜，根据零件的分层截面数据对粉末表面进行扫描，使其受热烧结（对于 SLS）或完全熔化（对于 SLM）。然后工作台下降一个层的厚度，采用铺粉辊将新一层粉末材料平铺在已成型零件的上表面，激光再次对粉末表面进行扫描加工使之与已成型部分结合，重复以上过程直至零件成型。当加工完成后，取出零件，未经烧结熔化的粉末基本可由自动回收系统进行同收。

3. 熔融沉积快速成型（FDM）

熔融沉积（Fused Deposition Modeling，FDM）也被称为熔丝沉积，是一种不依靠激光作为成型能源，通过微细喷嘴将各种丝材（如 ABS 等）加热熔化，逐点、逐线、逐面、逐层熔化，堆积形成三维结构的堆积成型方法。

熔融沉积式快速成型制造技术的关键在于热熔喷头，适宜的喷头温度能使材料挤出时既保持一定的形状又具有良好的黏结性能。但熔融沉积式快速成型制造技术的关键并非只有这一个方面，成型材料的相关特性（如材料的黏度、熔融温度、黏结性以及收缩率等）也会极大地影响整个制造过程。基于 FDM 的工艺方法有多种材料可供选用，如 ABS、聚碳酸酯（PC）、PPSF 以及 ABS 与 PC 的混合料等。这种工艺洁净，易于操作，不产生垃圾，并可安全地用于办公环境，没有产生毒气和化学污染的危险，适合于产品设计的概念建模以及产品的形状及功能测试。

在 3D 打印技术中，FDM 的机械结构最简单，设计也最容易，制造成本、维护成本和材料成本也最低，因此是家用桌面级 3D 打印机中使用最多的技术。工业级 FDM 机器主要以 Stratasys 公司的产品为代表。

4. 叠层实体制造

叠层实体制造（Laminated Object Manufacturing，LOM）又称分层实体制造。在叠层实体制造工艺中，设备会将单面涂有热熔胶的箔材通过热辊加热，热溶胶在加热状态下可产生黏性，所以由纸、陶瓷箔、金属箔等构成的材料就会黏结在一起。接着，上方的激光器或刀具按照 CAD 模型分层数据，将箔材切割成所制零件的内外轮廓。

（四）3D 打印的应用领域

3D 打印技术早期的应用大多数体现在原型概念验证和呈现，能够缩短新产品开发周期，体现个性化定制的特点，其应用场景多见于工业设计、交易会/展览会、投标组合、包装设计、产品外观设计等。随着 3D 打印技术的发展，可成型材料种类更多，成型零件的精度、性能等不断提高，其应用领域不断拓宽，应用层次也不断深入。3D 打印技术逐渐开始用于产品的设计验证和功能测试阶段，例如，利用不断发展的金属 3D 打印技术，可以直接制造具有良好力学性能、耐高温、抗腐蚀的功能零件，直接用于最终产品。此外，通过制造模具等方式间接成型，更加拓宽了其应用上的可能性。目前，3D打印技术在航空航天、汽车/摩托车、家电、生物医学、文化创意等方面已经得到了广泛的应用，下面介绍几种典型的3D打印应用领域。

1. 个性化定制的消费品

3D打印的小型无人飞机、小型汽车等概念产品已经问世。3D打印的家用器具模型也被用于企业的宣传、营销活动中。目前，3D打印也常见于珠宝、服饰、鞋类、玩具、创意DIY作品的设计和制造。

2. 航空航天、国防军工

复杂形状、尺寸微细、特殊性能的零部件、机构的直接制造和修复，例如，飞机结构件、发动机叶片等，特别是C919客机钛合金大型结构件的制造。

3. 生物医疗

3D打印技术在生物医疗方面的应用主要有四个层次，体现了从非生物相容性到生物相容性，从不降解到可降解，从非活性到活性的发展。

第一个层次主要包括在不直接植入人体的医疗模型、手术导航模板等方面的应用。医疗实体模型可以帮助医生在体外研讨订制手术方案，做模拟实验等；根据病人情况个性化订制的手术导航模板可以降低手术难度和风险等。这个层次的应用已经相对成熟。

第二个层次的应用主要是制作个性化假体和内置物，替代体内病变或缺损的组织，例如，人工骨、人工关节等。3D打印植入体一般具有良好的生物相容性，但不具备可降解性。这一层次的技术已经接近成熟，开始进入小批量的临床试验阶段，目前工业界已经开始寻求建立针对3D打印植入体的医疗规范和标准，如通过药监部门注册与验证，将实现大规模临床应用。

第三个层次的应用主要是可降解组织工程支架。植入人体的可降解组织支架将随着时间的推移慢慢降解为人体的一部分，适应不断变化的人体生理环境。这一层次的应用目前仍停留在实验室和临床试验阶段。

第四个层次的应用是活性组织的3D打印。将细胞作为"生物墨水"喷涂到凝胶支架上，通过细胞生长变成活性组织或器官。由于细胞的存活对生存环境要求苛刻，因此现今仍无法实现复杂的活性结构的制作。这一层次目前仍处于比较基础的研究阶段，真正的"器官打印"属于未来技术。

三、智能工厂

（一）智能工厂的含义

智能工厂是指以计划排产为核心、以过程协同为支撑、以设备底层为基础、以资源优化为手段、以质量控制为重点、以决策支持为体现，实现精细化、精准化、自动化、信息化、网络化的智能化管理与控制，构建个性化、无纸化、可视化、透明化、集成化、平台化的智能制造系统。智能工厂是企业在设备智能化、管理现代化、信息计算机化的基础上的新发展。

数字化智能工厂主要聚焦以下三个方面：

①通过科学、快速的排产计划，将计划准确地分解为设备生产计划，是计划与生产之间承上启下的"信息枢纽"，即"数据下得来"。

②采集从接收计划到加工完成的全过程的生产数据和状态信息，优化管理，对过程中随时可能发生变化的生产状况做出快速反应。它强调的是精确的实时数据，即"数据上得去"。

③体现协同制造理念，减少生产过程中的待工等时间浪费，提升设备利用率，提高准时交货率，即"协同制造，发挥合作的力量"。

（二）智能工厂的主要特征

①系统具有自主能力

可采集与理解外界及自身的资讯，并以之分析判断及规划自身行为。

②整体可视技术的实践

结合信号处理、推理预测、仿真及多媒体技术，将实境扩增展示现实生活中的设计与制造过程。

③协调、重组及扩充特性

系统中各组成部分可依据工作任务，自行组成最佳系统结构。

④自我学习及维护能力

通过系统自我学习功能，在制造过程中落实资料库补充、更新，及自动执行故障诊断，并具备故障排除与维护的能力。

⑤人机共存的系统

人机之间具备互相协调合作关系，各自在不同层次之间相辅相成。

（三）智能工厂的层次结构

数字化智能工厂主要包括以下三个层次。

1. 数字化制造决策与管控层

一是商业智能/制造智能（BI/MI）：可针对质量管理、生产绩效、依从性、产品总谱和生命周期管理等提供业务分析报告。

二是无缝缩放和信息钻取：通过先进的可定制可缩放矢量图形技术，使用者可充分考虑本企业需求及行业特点，轻松创建特定的数据看板、图形显示和报表，可快速钻取至所需要的信息。

三是实时制造信息展示：无论在车间还是在公司办公室、会议室，通过掌上电脑、PC、大屏幕显示器，用户都可以随时获得所需的实时信息。

2. 数字化制造执行层

一是先进排程与任务分派：通过对车间生产的先进排程和对工作任务的合理分派，使制造资源利用率和人均产能更高，有效降低生产成本。

二是质量控制：通过对质量信息的采集、检测和响应，及时发现并处理质量问题，杜绝因质量缺陷流入下道工序而带来的风险。

三是准时化物料配送：通过对生产计划和物料需求的提前预估，确保在正确的时间将正确的物料送达正确的地点，在降低库存的同时减少生产中的物料短缺问题。

四是及时响应现场异常：通过对生产状态的实时掌控，快速处理车间制造过程中常见的延期交货、物料短缺、设备故障、人员缺勤等各种异常情形。

3. 数字化制造装备层（工位层）

一是实时硬件装备集成：通过对数控设备、工业机器人和现场检测设备的集成，实时获取制造装备状态、生产过程进度以及质量参数控制的第一手信息，并传递给执行层与管控层，实现车间制造透明化，为敏捷决策提供依据。

二是多源异构数据采集：采用先进的数据采集技术，可以通过各种易于使用的车间设备来收集数据，同时确保系统中生产活动信息传递的同步化和有效性。

三是生产指令传递与反馈：支持向现场工业计算机、智能终端及制造设备下发过程控制指令，正确、及时地传递设计及工艺意图。

参考文献

［1］柳青松，庄蕾. 机械制造基础［M］. 北京：机械工业出版社，2023.05.

［2］马亚亚. 机械制造工艺学［M］. 成都：西南交通大学出版社，2023.01.

［3］王先逵. 机械制造工艺学［M］. 北京：机械工业出版社，2023.06.

［4］王坤，葛骏，杜紫微. 机械制造技术［M］. 北京：北京理工大学出版社，2023.05.

［5］陈朴. 机械制造技术基础［M］. 重庆：重庆大学出版社，2023.04.

［6］袁军堂. 机械制造技术基础［M］. 北京：机械工业出版社，2023.10.

［7］苏辉. 机械制造加工技术研究［M］. 长春：吉林科学技术出版社，2023.05.

［8］王冬，颜兵兵. 机械制造技术［M］. 北京：机械工业出版社，2023.06.

［9］邓平，万里瑞，唐茂华. 机械产品制造与设计创新研究［M］. 长春：吉林科学技术出版社，2023.06.

［10］文湘隆，张锦光. 机械制造装备设计［M］. 武汉：武汉理工大学出版社，2023.01.

［11］谢家瀛. 机械制造技术概论［M］. 北京：机械工业出版社，2023.03.

［12］李楷模，黄小东. 机械制造工艺［M］. 北京：机械工业出版社，2023.01.

［13］张昭晗，魏雪竹，吴仁君. 机械制造工艺［M］. 北京：航空工业出版社，2023.07.

［14］李欣如. 机械制造技术及其自动化研究［M］. 延吉：延边大学出版社，2023.08.

［15］张俭，付学敏. 智能制造机械设计基础［M］. 北京：机械工业出版

社，2023.11.

[16] 黄小良，冯丽，平艳玲. 机械自动化技术［M］. 长春：吉林科学技术出版社，2023.05.

[17] 李俊涛. 机械制造技术［M］. 北京：北京理工大学出版社，2022.07.

[18] 马瑞，张宏力，卢丽俊. 机械制造与技术应用［M］. 长春：吉林科学技术出版社，2022.09.

[19] 陈建东，任海彬，毕伟. 机械制造技术基础［M］. 长春：吉林科学技术出版社，2022.04.

[20] 马晋芳，乔宁宁. 金属材料与机械制造工艺［M］. 长春：吉林科学技术出版社，2022.03.

[21] 李占君，王霞. 现代机械制造技术及其应用研究［M］. 长春：吉林科学技术出版社，2022.08.

[22] 彭江英，周世权，田文峰. 机械制造工艺基础［M］. 武汉：华中科技大学出版社，2022.01.

[23] 李聪波，刘飞，曹华军. 机械加工制造系统能效理论与技术［M］. 北京：机械工业出版社，2022.06.

[24] 崔井军，熊安平，刘佳鑫. 机械设计制造及其自动化研究［M］. 长春：吉林科学技术出版社，2022.08.

[25] 朱庆华，赵森林. 机械装备再制造供应链管理［M］. 北京：机械工业出版社，2022.03.

[26] 张厚艳. 机械制造基础［M］. 西安：西安电子科学技术大学出版社，2022.07.

[27] 尹明富. 机械制造技术基础［M］. 西安：西安电子科学技术大学出版社，2022.04.

[28] 田锡天，张云鹏，黄利江. 机械制造工艺学［M］. 西安：西北工业大学出版社，2022.12.

[29] 连潇，曹巨华，李素斌. 机械制造与机电工程［M］. 汕头：汕头大学出版社，2021.01.

[30] 喻洪平. 机械制造技术基础［M］. 重庆：重庆大学出版社，2021.06.

[31] 卞洪元. 机械制造工艺与夹具［M］. 北京：北京理工大学出版社，2021.07.

[32] 周智勇，王芸. 机械制造工程与自动化应用［M］. 长春：吉林科学

技术出版社，2021.08.

[33] 方月，钱小川. 机械原理与制造技术研究 [M]. 哈尔滨：东北林业大学出版社，2021.06.

[34] 高阳，杨斌，朱德馨. 现代制造技术基础及应用 [M]. 武汉：华中科技大学出版社，2021.12.

[35] 刘强. 智能制造概论 [M]. 北京：机械工业出版社，2021.08.

[36] 张择瑞. 工程材料与机械制造基础 [M]. 合肥：合肥工业大学出版社，2021.09.

[37] 王明耀，李海涛. 机械制造技术 [M]. 北京：机械工业出版社，2021.08.

[38] 张永华，汪立俊，赵善大. 机械制造与自动化应用研究 [M]. 长春：吉林科学技术出版社，2021.